Mein buntes Buch

Naturschilderungen

Hermann Löns

Alpha Editions

This edition published in 2022

ISBN : 9789356709706

Design and Setting By
Alpha Editions
www.alphaedis.com
Email - info@alphaedis.com

Contents

Der Feldrain.

Mitten durch die Feldmark zieht sich ein Rain neben dem Koppelwege hin. Wenn ich nicht Zeit habe, den fernen Wald aufzusuchen, gehe ich hierhin. Gestört werde ich von Menschen nicht. Die ziehen die Anlagen vor. So kann ich, gegen die Böschung gelehnt, meine Gedanken mit den Lerchen emporflattern lassen, so viel ich will.

Im Sommer, wenn die Frucht hochsteht und die Ränder der Felder von bunten Blumen starren, ist es hier viel schöner als jetzt. Anderseits sieht man jetzt alles das, was aus der Erde schießt und sprießt und darüber kreucht und fleugt, mit dankbareren Augen an als späterhin, wenn alles üppig grünt und blüht.

Auf dem Grabenanwurfe, neben den halb verblühten Blumen des Huflattichs in ihrer orangeroten Farbe, schieben sich die Blütenstände des Schachtelhalmes aus den Lehmschollen, seltsam anzusehen. Einst beherrschten riesenhafte Schachtelhalme die Erde; jetzt sind sie niedrige Ackerunkräuter.

Sonst ist noch wenig Grün hier zu sehen außer den roten Taubnesselblüten zwischen der üppig wuchernden Luzerne, in der hier und da kräftige Ackerehrenpreispflänzchen ihre himmelblauen Blümchen leuchten lassen. Auf den kahlen Stellen reckt das Hungerblümchen seine winzigen Blüten, da kriecht der blaß blühende efeublättrige Ehrenpreis, und Mastkraut und Vogelkreuzkraut, diese Dauerblüher, haben sich wieder geschmückt, so gut sie es vermögen. Auch die Maßliebchen auf der Trift, die noch im Weihnachtsmonde blühten, entfalten ihre weißen Sterne. Die Löwenzahnblumen sind erwacht.

Die Lerchen trillern, in der Linde hinter mir singt der Goldammer sein zärtliches Liedchen, und vor mir auf den Schollen zwitschert ein Hänflingshähnchen. Prächtig leuchtet in der Sonne sein purpurner Scheitel und die rosenrote Brust. Es kümmert sich nicht um den Turmfalken, der über dem Kleestücke nach Mäusen rüttelt. Ein Bachstelzenpärchen kommt angeschwenkt. Der Hahn macht der Henne auf ganz schnurrige Weise den Hof. Fort sind die beiden. Grünfinken, Gierlitze und Distelfinken schnurren laut lockend vorüber und fallen auf der Brache ein, hinterher kommt, fröhlich lärmend, ein kleiner Zug Feldspatzen, dann ein Trupp Buchfinken.

Alle Augenblicke meldet sich neues Leben. Ein Star läßt sich auf der Linde nieder, klappt mit den Füßen, pfeift, quietscht, quinquiliert ein Weilchen und fliegt dem Dorfe zu. Seinen Platz nimmt der Grauammer ein, rasselt sein blechernes Lied herunter und streicht dann plump mit herabhängenden Füßen ab. Dann hüpft ein alter, tiefschwarzer Rotschwanzhahn auf dem

Steinhaufen herum, fortwährend die rostroten Schwanzfedern zittern lassend und einen Knicks nach dem anderen machend, bis ein laut heranburrendes Feldhuhnpaar ihn verscheucht. Herrisch ruft der Hahn und rennt hochaufgerichtet der geduckt dahin trippelnden, schüchtern lockenden Henne nach, sie in die hohen Schollen des Sturzackers treibend.

Ich sehe den vielen Saatkrähen nach, die heiser krächzend der Marsch zufliegen, den Dohlen, die lustig rufend über die Felder taumeln, und dem Steinschmätzer, der über dem Rande des Steinbruches wie albern herumflattert und dabei ganz schnurrige Töne zum besten gibt. Plötzlich läßt er sich jäh abfallen, und auch der Goldammer bricht sein Liedchen in der Mitte ab und huscht in den Schlehbusch hinein. Der Wutschrei der Rauchschwalben warnte beide, und so kam der Sperber zu spät. Gestern schlug er dicht vor mir eine Lerche, und vor einigen Tagen holte er einen lustig pfeifenden Starmatz von der Eiche. Leben und Tod sind dicht beieinander auf der Welt.

Aus den Weidenbüschen des alten Steinbruches tönt der Ruf des Laubvögelchens hervor, und auf dem verfallenen Schuppen quietscht der Rotschwanz mühsam sein Liedchen aus der Kehle. Fremde Laute erschallen, bald rauh, bald weich, scheinen näher zu kommen, entfernen sich und sind wieder dichter bei mir. Hundert Kraniche und mehr ziehen unter dem Himmel gegen Abend hin, unaufhörlich rufend. In derselben Höhe kommen zwei Gabelweihen angestrichen, ebenfalls nordwärts reisend, und darauf vier Bussarde. Dann erschallen Flötentöne, weiche, und ein Dutzend Brachvögel fallen auf der Saat ein, stelzen kopfnickend dort umher, erheben ihr Gefieder aber bald wieder und eilen weiter.

Lange sehe ich zwei Hasen nach, die bald die Häsin treiben, bald aneinander geraten und sich backpfeifen, und freue mich an dem Haubenlerchenpärchen, das über den festgetretenen Fußweg trippelt, bis es neben mir im Grase raschelt und sich erst ein rosenrotes Rüsselchen und zwei gleichfarbige, breite, scharf bekrallte Händchen und dann ein schwarzbepelztes Köpfchen hervorwühlt. Ein Maulwurf ist es; eilfertig wuselt er unter dem Raine her. Ein zweiter folgt ihm, ein dritter, und dann gibt es ein grimmiges Gebeiße und ein giftiges Gezwitscher zwischen den beiden letzten Schwarzröcken, denn es sind Männchen, und das erste, das sich jetzt hurtig unter den Bocksbeerranken eingräbt, ist ein Weibchen. Hinter ihm her huscht das Männchen, das bei dem Kampfe obsiegte. Das andere aber putzt sich das arg zerbissene Schnäuzchen und watschelt trübselig seinem Loche zu, in dem es langsam versinkt.

Ich bin zu faul, mich wieder umzudrehen, und so bleibe ich mit den Augen in der Nähe kleben. Da ist ebensoviel zu sehen wie in der Ferne. Prachtvolle Erdbienen mit tiefpurpurnen Brustschildern und goldgelb behaarten Leibern sonnen sich auf den kahlen Lehmschollen, ein schwarzes Herrgottskäferchen mit roten Tupfen erklimmt einen Halm und fliegt von dessen Spitze in die Welt hinein, und ein langer, dicker, dunkelblauer Ölkäfer gräbt langsam und bedächtig ein Loch, um darin seine unzählbaren Eier abzulegen. Eine Unmenge winziger Lärvchen wird daraus hervorschlüpfen, die Blumen erklimmen und warten und warten, bis eine Biene ankommt, die sie zu ihrem Neste trägt. Wer von ihnen dieses Glück nicht hat, muß elend umkommen. Und auch die, die in ein Bienennest gelangt, aber kein Bienenei findet, geht zugrunde. Von den vielen Tausend werden nur ganz wenige zu Käfern. Der Tautropfen, der sich in dem Blattquirle des Wegerichs gehalten hat, lockt eine dicke, schwarze, mit Gold verbrämte Hummel heran. Sie läßt sich nieder, steckt den Rüssel in das Wasser und saugt sich satt. Ein Mistkäfer, der über ihr herumkrabbelt, verliert den Halt und kullert an sie heran. Unwillig brummt sie und reckt die Vorderfüße drohend gegen den Störenfried, der sich mühselig wieder auf die Beine hilft und weiter kriecht. Ein großer, goldgrüner, blitzblanker, schön geriefter Laufkäfer hastet von Scholle zu Scholle, in jede Ritze den Kopf steckend. Jetzt stößt er auf eine Graseulenraupe. Er beißt sie hinter den Kopf und in das Hinterende, läßt sie liegen und rennt weiter, bis er einen Regenwurm antrifft, mit dem er es ebenso macht. Um die Feuerwanzen, die an den üppigen Wurzeltrieben der Linde saugen, kümmert er sich aber gar nicht; ihre grellen Farben werden ihn wohl abschrecken.

Die Sonne prallt nur so gegen den Rain. Ich meine es sehen zu können, wie sich die Blattüten der Brombeere auseinander wickeln, und während ich hier liege, hat die Taubnessel schon Dutzende von ihren Blüten aufgeklappt, die vorhin noch geschlossen waren, und ladet die Bienen, Hummeln und Schwebfliegen ein, sich gütlich zu tun. Auch der gelbe Ackerstern, der eben noch nicht sichtbar war, leuchtet jetzt grell aus dem alten Laube hervor, sehr zur Freude eines winzigen Bienchens, das sich darin niedergelassen hat. Überall huschen flinke, blanke Käferchen und rennen gelbe und braune Ameisen umher, bis sie die von dem Laufkäfer getötete Raupe entdecken, sich daran machen, sie auszuhöhlen und Fetzchen um Fetzchen nach ihrem Neste unter den jungen Rainfarrenblättern zu schleppen. Zwei Schmetterlinge, kleine Füchse, spielen vorüber, und von der anderen Seite ein Morgenrotfalter, der nach den Wiesen hin will, wunderbar anzusehen mit den rosig leuchtenden Spitzen seiner Schwingen. An der Grabenpfütze, die vom letzten Nachtregen hier stehenblieb, läßt sich eine Biene nach der andern nieder, saugt sich voll, putzt sich den Rüssel ab und summt von dannen.

Plötzlich plumpst ein langer, ganz in blauen Stahl gekleideter Raubkäfer zwischen den Bienen nieder, die drohend ihre Stacheln herausstrecken, sich aber beruhigen, wie der Käfer ihnen aus dem Wege geht. Hastig huscht er dahin, den Hinterleib im Bogen aufwärts gekrümmt, die gefährlichen Zangen weit geöffnet. Jetzt hat er die große graue Fliege entdeckt, die infolge ihrer verkrüppelten Flügel unbehilflich auf derselben Stelle umherhopst. Blitzschnell dreht er sich um, starrt einen Augenblick nach ihr hin, macht einen Sprung und greift sie. Sie zirpt jämmerlich, aber er zerrt sie unter den Vorhang, mit dem der Gundermann ein Mauseloch halb verdeckt hat.

Unglaublich viel ist hier zu sehen. Wenn ich auch nicht, wie gestern den Hamster, und wie vorgestern das Wieselchen zu Gesicht bekomme, ja noch nicht einmal den Raubwürger, wie ein anderes Mal, es ist schon so schön, nur das junge Kraut zu betrachten, das aus dem gelben Boden drängt, die Blattrosen des Löwenzahns, keine der anderen gleich, die Unmenge von Knöterichkeimlingen im Graben, die protzige Fetthenne, den grüngelben Blattstern der Wolfsmilch, die silbernen Fingerkrautblüten, kaum halb erschlossen und vor allem die üppige Weizensaat, leuchtend in der Sonne.

Eine weite grüne Fläche, hinter der sich drei purpurrot blühende Pappeln in den blauen Himmel recken, warme Sonne und Lerchengesang; ist das nicht allein genug für mich, um ihn lieb zu haben, den Platz am Feldrain?

Der Waldrand.

Die Sonne bescheint freundlich den Waldrand.

Gestern schien sie heller als heute; dennoch ist die Haubenlerche viel fleißiger. Unaufhörlich läßt sie ihren Lockruf ertönen, und nun fliegt sie sogar auf einen Erdhaufen und singt ihr kleines Lied.

Die Luft ist weich und schmeckt nach warmem Regen. Ein weißer Hauch liegt über dem Felde und nimmt der Sonne Schein und Farbe. Aus den umgestürzten Schollen steigt ein starker Geruch, und alle Zweige und Stämme sehen aus, als dufteten sie nach dem neuen Leben, das in ihnen empordrängt.

Die üppigen Rasen der Vogelmiere auf dem Brachacker hatten jüngst, als der Wind scharf von Morgen kam und der Boden beinhart gefroren war, nicht weniger weiße Blütenstreifen als heute, und das Kreuzkraut ebenso viele goldene Knöpfchen, auch blühten die Maßliebchen gleichfalls am Raine. Damals wirkte das widersinnig, heute aber nicht.

Auf dem Brombeerbusche am Grabenrande sitzt der Goldammerhahn und versucht sein Lied zusammenzubringen; gestern, als die Sonne hell vom hohen Himmel schien, dachte er nicht daran. Auch die Kohlmeise besinnt sich auf ihre Frühlingsweise; da sie aber damit nicht fertig wird, so lockt sie wenigstens dreimal so zärtlich, als am gestrigen Tage. Süß und seltsam hört sich das an.

Der Haselbusch am Graben ist gänzlich aufgeblüht; zwischen den goldenen Troddeln glühen purpurne Sternchen. Die Eller ist ihm sogar schon voraus; der Weg ist mit braunen Kätzchen besät. Die silbernen Knospen an den Weiden recken und strecken sich und die der Espen quellen und schwellen. Aus dem Vorjahrslaube drängt sich das junge Gras, überholt von den fetten Blättern des Aronstabes, die Scharfwurz verhüllt den kahlen Boden und lustig wuchert das zierliche Grün des Ruprechtskrautes.

Die Sonne kommt noch einmal am dunstigen Himmel hervor. Überall spielen die Wintermücken, daß es lustig blitzt, und hier und da surrt eine Fliege vorüber. In der alten Samenbuche sitzt eine Krähe und quarrt und schnarrt auf ganz absonderliche Art; das ist ihr Liebeslied. Aus den Fichten kommt ein wunderliches Quietschen und Schnalzen; der Häher gibt seinen zärtlichen Gefühlen Ausdruck. Da hinten auf der grasgrünen Saat maulschellen sich zwei Hasen um die Häsin. Der Frühling kommt.

Ist es auch wahr? Ist es nicht nur ein bloßes Gerücht, eine falsche Verheißung? Zwar wippt da schon ein Bergbachstelzenpaar an dem Graben entlang, hier wühlt ein Maulwurf das knisternde Fallaub auf, sieben Starmätze pfeifen auf dem Hornzacken der Eiche, im Graben plätschert zwitschernd und quitschernd ein Spitzmauspaar umher, fauchend und schnalzend jagt ein

Eichkater die Liebste von Ast zu Ast, und ein Goldhähnchen singt schon so gut, wie es das besser nie können wird.

Aber da hinter dem fernen Walde im kalten Moore liegt der Nordostwind und schläft. Vielleicht wacht er über Nacht wieder auf und zu Ende ist es mit Lied und Liebe. Statt der Wintermücken spielen die Schneeflocken, Star und Bachstelze flüchten von dannen, die bunten Bergfinken, die der weiche Wind nach Norden lockte, werden verschwinden, und Amsel, Meise und Goldhähnchen vergessen ihre halb gelernten Lieder wieder. Die Blümchen auf der Brache und die Kätzchen an den Bäumen werden wirken wie unangebrachte Witze.

Die Sonne ist fortgegangen; dichter und unsichtiger wird die Luft. Um so mehr aber leuchten die halb aufgesprungenen Knospen an den grauen Zweigen des Dornbusches und an den schwarzen Ästen der Traubenkirsche hinter dem Grabenbord und im Unterholze des Geißblatts kecke junge Blätter. Ein sachtes Rieseln kommt herunter, unhörbar und leicht. Fröhlich schmettert der Zaunkönig sein Liedchen, lustig trillert die Meise, und selbst der schüchterne Baumläufer erhebt sein dünnes Stimmchen lauter als zuvor.

Der Regen nimmt zu, die Dämmerung geht leise am Waldrande entlang. Da trommelt ein Specht auf einmal los, daß es weithin dröhnt; das ist das Zeichen für alles, was Schnäbel hat. Mit einem Schlage bricht ein vieltöniges Zwitschern und Flöten los, so wirr, so kraus, daß keine einzelne Stimme sich daraus hervorhebt. Ein Viertelstündchen hält es an; dann bleibt davon nur das Gestümper der Amsel übrig und des Rotkehlchens erst halb gelerntes Lied. Auch das verlischt im leisen Regengeriesel, und der ihrem Schlafwalde zuziehenden Krähen rauhes Geplärre gibt dem weichen Tage einen harten Abschluß.

Dunkel wird es im Walde. Keine neue Knospe im Gezweig, nicht ein frisches Blatt am Boden ist mehr zu sehen. Leblos stehen die Stämme da und recken kahle Wipfel in die Luft. Doch immer noch will das Leben, das dieser Tag erweckte, sich nicht zur Ruhe begeben. Vom Felde her schrillt des Rebhahnes herrischer Ruf und von der Mergelgrube kommt das breite Geschnatter eines arg verliebten Erpels. Wie winzige Gespenster taumeln bleiche Wintermotten auf der Weibchensuche um die Buchen, zwei Fledermäuse zickzacken am Graben auf und ab, und im Gebüsch schnauft ein Igel aufgeregt hinter der Auserwählten her.

Die Nacht kommt näher; tiefer wird der Himmel. Kein einziger Stern steht an ihm. Die letzte Krähe hastet, verlassen schreiend, über die Wipfel hin. Dichter fällt der Regen; lauter tröpfelt er in das tote Laub. Dumpf unkt in den Fichten die Ohreule; hohl heult in den Kiefern der Kauz los.

Zu Ende ist der milde Tag, an dem der Vorfrühling am Waldrande spuken ging.

Das Genist.

Vorgestern sah der Bach rein und klar aus und rann bescheiden zwischen seinen Ufern dahin.

In der Nacht gingen gewaltige Regengüsse in den Bergen nieder und gestern früh war der Bach trübe und lehmig; er polterte ungestüm dahin, stieg über seine Ufer und überschwemmte ein gutes Stück der Wiesen.

Nun fällt er bereits. Nicht mehr so wild wie gestern strudelt er dahin, führt nicht so viel Spreu mit sich, und tritt auch schon langsam wieder von den Wiesen zurück, einen bräunlichen Streifen da hinterlassend, bis wohin gestern die Vorflut gereicht hatte.

Das ist das Genist, ein Sammelsurium von Grummetresten, dürren Stengeln, trockenen Zweigen, Grasrispen, Fruchtkapseln, Rindenstücken, Wurzeln, Samenkörnern, Blättern, Beeren, Käferflügeln, Schneckenhäusern, Puppenhüllen, Kerbtierleichen, Steinchen, Federn, Haaren, Moosflöckchen, Muschelschalen, Knochen und hunderterlei anderen Dingen, teils aus dem Haushalte der Natur herstammend, teils aus Trümmern von Gegenständen bestehend, die der Mensch anfertigte.

Ganze Mengen von Grasblättern und Wurzeln sind in den Weidenbüschen hängen geblieben, um deren Zweige die Flut sie fest herumgewickelt hat. Nun hängen sie da wie die Reste verwitterter, zerschlissener Wimpel und flattern im Winde. Dunkelköpfige graue Vögelchen, Sumpfmeisen und Weidenmeisen, schlüpfen daran herum und pflücken heraus, was sich in dem Gewirre an Körnern und Kleingetier gerettet hat.

An der Vorflutmarke aber, wo der Bach feineres Genist als ununterbrochenen Streifen abgesetzt hat, sind die Krähen dabei, herauszusuchen, was ihnen gut zu fressen dünkt, die schwarzen Rabenkrähen und die zur Hälfte aschgrauen Nebelkrähen aus Ostland, ferner eine Anzahl der blanken Saatkrähen sowie einige Dohlen. Auch etliche Staare, die infolge der milden Witterung vorläufig hiergeblieben sind, stöbern dort umher, desgleichen zwei Bergbachstelzen und einige nordische Pieper, die eigentlich weiter zum Süden reisen wollten, aber wegen der Stürme der letzten Tage diese Absicht aufgeschoben haben.

Sie finden alle überreiche Nahrung, denn es krimmelt und wimmelt nur so aus dem halbnassen Geniste hervor, zumal da jetzt die Mittagssonne so hell scheint und das Gespreu abtrocknet und anwärmt. Überall schlüpfen schwarze Laufkäfer aller möglichen Gattungen und der verschiedensten Größe hervor und streben dem trockenen Lande zu, dazwischen sind grünliche und hier und da ein gleißend kupferroter, der hier sonst nicht vorkommt und den das Wasser aus den Bergen mitgerissen hat, winzige, die wie blanker Stahl aussehen, bräunliche mit gelben Flecken, rote mit schwarzer Kreuzzeichnung, und ein gelblicher, grüngezierter, rund wie ein Marienkäferchen, dem man es nicht ansieht, daß er zu den Laufkäfern gehört.

Dann sind Halbflügler da, größere, glänzend schwarze, kupfrige, grünliche und blaue, kleinere, die gelbrot und blau gemustert sind, andere mit roten Halsschildern, und unzählige ganz winzige, die an schönen Abenden gern über den Landstraßen schwirren und den Radfahrern verhaßt sind, weil sie ihnen in die Augen fliegen und sie durch ihren beißenden Mundsaft zum Tränen bringen. Ferner gibt es noch größere und kleine Mistkäfer, stattliche und unglaublich winzige Rüßler, Blattkäfer, Erdflöhe, die kaum sichtbaren Haarflügler, seltsame Ameisenkäfer, Stutzkäfer, blank wie Erz, Borkenkäfer, Schnellkäfer und wer weiß noch welche Käferarten, solche, die hier in der Ebene leben, andere aus dem Hügellande da hinten und wieder andere oben aus dem Gebirge.

Die drei Sammler, die dort eifrig an der Arbeit sind, das Genist durchzusieben und ganze Mengen von Kleinkäfern in ihre Gläser zu füllen, werden zu Hause beim Aussuchen manches sehr seltene Stück finden, ebenso wie der andere Sammler, der die Rückstände nach Schneckenhäusern durchsiebt, denn die liegen zu Tausenden hier. Da sind einzelne Weinbergschnecken, rote, gelbe, braune, gesprenkelte und gestreifte große Schnirkelschnecken mit weißen oder braunen Mundsäumen, kleinere, bräunliche mit seltsam gefalteten Öffnungen, spitze Schließmundschnecken, viele Arten von Moospuppen, darunter ganz seltene Arten, halb und ganz durchsichtige Hyalinen, Vitrinen und Dauderbardien, winzige Schneckchen mit Haaren, Rillen und Stacheln, die häufigen Bernsteinschnecken und allerlei große und kleine Posthörner und andere Wasserschnecken, mit Kiemen atmende kleine Deckelschnecken, darunter eine nadeldünne, braunrote, glänzende, die auf dem Lande lebt und sehr selten ist, ferner ein weißes, bleiches, zartes und kleines Schneckchen, das kaum anders als auf diese Weise gefunden wird, weil es eine unterirdische Lebensweise führt, noch kleinere Deckelschnecken aus den Quelltümpeln des Gebirges und das noch viel kleinere schneeweiße Ohrschneckchen, das wie ein Grassamenkorn aussieht. Auch kleine Müschelchen finden sich vor und ab und zu Nacktschnecken, besonders eine kleine Verwandte der Ackerschnecke, die wie ein junger Blutegel anzusehen ist.

In solchen Unmengen setzt das Hochwasser mehrere Male im Jahre die Schneckenhäuser und Muschelschalen hier ab, daß der Boden rechts und links von dem Bache viel kalkhaltiger und fruchtbarer ist als weiterhin. Auch hat er eine ganz andere Pflanzenwelt, denn das Wasser führt aus dem Gebirge eine Masse von Samen solcher Gewächse mit, die hier in der Ebene nicht vorkommen. In den dürren Stengeln, die das Wasser mitführt, in den

Grasbüscheln, Rindenfetzen und Holzstücken findet sich noch manches lebensfähige Ei, manches Fliegentönnchen, manche Larve oder Puppe, die im Frühling auskommen, und so siedelt sich an der Grenze der Flutmarke den Bach entlang allerlei kleines Leben an, das von Rechts wegen der Ebene nicht angehört.

Die meisten Menschen gehen gleichgültig an dem Streifen von Spreu vorüber, den das Wasser hier angespült und zurückgelassen hat, ohne zu ahnen, welche Bedeutung er hat. Wenn sie sich aber einmal bückten, eine Handvoll von dem Geniste aufnähmen, es auseinanderzupften und alles das betrachteten, woraus es besteht, so würden sie staunen über die Fülle von Leben, das darin verborgen ist.

Die Frühlingsblumen.

Mit verdrießlichem Gesichte stand der Tag auf. Nun hat er die mürrische Laune überwunden und zeigt eine zufriedene Miene.

Die gelben Löwenzahnblüten am Raine danken es ihm und öffnen sich, bunte Schmetterlinge tanzen ausgelassen über die Landstraße, überall flattern Lerchen aus den lachenden Saaten auf und erfüllen die frische Luft mit fröhlichen Stimmen.

Die Sonne soll uns den Weg weisen. Voll und heiß scheint sie gegen den Vorwald, dessen Rand dichtes Gebüsch verschleimt, lustig grünender Weißdorn, fröhlich blühende Schlehen, strahlende Weidenbüsche und von den grauen Ranken der Waldrebe umsponnener Bergholunder, über und über mit grünlichen Blütentrauben bedeckt.

Hier hüpft und schlüpft es in einem fort und singt und klingt auf mannigfache Art. Aber wie sich auch Ammer und Laubvogel, Rotkehlchen und Braunelle, Meise und Fink anstrengen, der Knirps von Zaunkönig überstimmt sie doch alle mit seinem keck hinausgeschmetterten Liedchen.

Das braune Fallaub am Boden ist fast verschwunden unter jungem Grase und frischen Blüten, weißen und gelben, blauen und roten, bunt durcheinander gemischt, eine immer schöner als die andere. Aber ob auch die Windröschen so zierlich, die Waldveilchen so herzig und der Lerchensporn so üppig ist, die Himmelsschlüssel überragen sie alle an Vornehmheit und Würde.

Einen leichten Pfirsichduft entlockt ihnen die Sonne. Er mengt sich mit dem Geruche der Erde und dem Hauche, der aus den aufbrechenden Knospen quillt, bis er unter dem Atem des Moschusblümchens verschwindet oder von dem des Waldmeisters, dessen schwache und doch so kecke Quirle überall das alte Laub durchbrechen.

Es raschelt im Gebüsch; eine Waldmaus springt dahin. Es raschelt im Grase; eine Eidechse schlüpft von dannen. Im Moose schimmert eine Blindschleiche, die sich da sonnt, und in dem kleinen Wasserbecken leuchtet es feuerrot und himmelblau auf. Es sind Bergmolche, die dort emportauchen, um Luft zu schnappen, und wieder hinabsinken und auf dem Grunde ihre seltsamen, lächerlichen Minnespiele treiben.

Ein Pfauenauge schwebt vorüber. Ein anderes tanzt darauf zu. Munter wirbelt das Paar dahin. Ihm folgen zwei Zitronenvögel, ein grünlich weißes Weibchen, stürmisch von dem goldenen Männchen getrieben. Zwei Krähen stechen sich, wie Esel quarrend, in der Luft. Zärtlich heult der Täuber, steigt stolz über die Kronen und klatscht laut die Schwingen gegeneinander, um der Liebsten zu gefallen. Zu demselben Zwecke trommelt der Specht so unverdrossen, und aus keinem anderen Grunde fühlt sich der Grünfink bewogen, den Flug der Fledermaus nachzuäffen.

Dort hinten ist eine neue Farbe im Walde. Eine Buche ist es, die an den untersten Zweigen ihre Knospen geöffnet. Lauter goldgrüne Schmetterlinge scheinen den silbernen Stamm zu umflattern. Das sieht so wunderschön aus, daß wir uns hier lagern müssen, um uns in Ruhe daran zu freuen, und an den Windröschen darunter, den weißen, verschämten, den gelben, kecken, an dem protzenhaften, gespreizten Aronstab und dem wunderfeinen, zierlichen Sauerklee, der den moosigen Stumpf mit leuchtenden Blättchen und schimmernden Blütchen verhüllt.

Die Drosseln schlagen, die Finken schmettern, ein Täuber ruft, ein Bussard schreit aus der Höhe herab, und doch ist es, als wäre es still, friedlich still hier im Walde. Verstohlen flattert eine Krähe von Ast zu Ast und bricht heimlich Nestreiser. Ein Eichkätzchen hüpft über den blumigen Erdboden und scharrt nach Käfern. Zwei helle Tauben schweben heran, blicken lange umher und lassen sich endlich im Grunde nieder, wo das goldene Milzkraut den Spring rund umher einfaßt und weiterhin die Lungenblumen versuchen, ihre rosenroten und himmelblauen Blüten dagegen zur Geltung zu bringen.

Die Sonne verfleckt sich, die Blumen verblassen, das Grün verdunkelt sich. Ein kühler Luftzug kommt über den Berg und bewegt die Wipfel. Die Vögel verstummen zumeist. Ein Fink schlägt noch; auch er hört auf, und einzig und allein die Spechtmeise läßt unaufhörlich ihr eintöniges, ermüdendes Geflöte hören. Wir steigen bergab und wieder bergauf und abermals hinab, bis dahin, wo ein Wiesental sich öffnet, und da finden wir die Sonne wieder und Vogellieder und Blumen, soviel Blumen unter den hohen Eichen, daß jedes Fleckchen erfüllt von ihnen ist. Und damit der Weg nicht zu sehr von dieser Pracht absteche, haben ihn die Ahornbäume mit goldenen Blütenbüscheln bestreut.

Wir müssen wieder rasten, so schön ist es an diesem Ort. Das Moos ist weich und die Sonne warm, ein Bächlein ist da, das uns allerlei erzählt, und so kommen und schwinden die Stunden, wie die goldenen Falter, die zwischen den silbernen Stämmen auftauchen und untergehen. Menschenstimmen, ein wenig zu laut für diesen Tag, treiben uns weiter, durch düsteres Tannicht, durchzittert von dem Liebesgezwitscher unsichtbarer Goldhähnchen, durch helles Buchenholz, erfüllt vom Geschmetter der Finken, über eine breite, von Wildfährten gemusterte Trift, durch enge Stangenörter, wo die Sauen im festen Boden gebrochen haben, an Buchenjugenden vorbei, deren Vorjahrslaub in der Sonne wie Feuer lodert.

Ohne Plan und Ziel schweifen wir dahin, bis der Tag zur Neige gehen will und der weite, grüne Teppich von Bärenlauch, der den Hang bedeckt, sein lustiges Funkeln einstellt und herb und streng aussieht und die weißen Windröschen ängstliche Gesichter bekommen. Die Dämmerung erwacht und tritt aus den Dickungen in das hohe Holz, eindringlicher klingt das Lied des Rotkehlchens; bald wird die Eule rufen. Aber noch einmal beschert uns dieser Frühlingstag ein kostbares Geschenk. Hier im jungen Stangenort, rechts und links von dem schmalen Steige, hat er so viel rote und weiße Blumen ausgeschüttet, daß unsere Augen ganz groß werden. Von allem, was uns dieser Tag bot, ist dieses das Herrlichste.

Schiene die Sonne, flögen die Falter, schimmerten die Stämmchen, nicht so wunderbar anzusehen wäre dann dieser Zaubergarten wie nun, wo die Jungbuchen stumpf und hart aus der märchenhaften Blütenfülle herausstreben und das Summen der Hummeln ein fernes Glockengeläute vortäuscht.

Wir stehen und starren und staunen und wissen: immer, nach Jahren noch, werden wir dieses Tages Ende, dieser Stunde hier und ihrer Gabe dankbar gedenken.

Der Porst.

An der Quelle, die am Fuße der hohen Geest aus dem anmoorigen Boden springt, steht ein brauner, blattloser Strauch, über und über mit goldig schimmernden Blütenkätzchen bedeckt.

Ein Porstbusch ist es. Schon im Spätsommer, als er noch im vollen Laube stand, hatte er seine Blüten halb fertig; im Herbst und Winter vollendete er sie, und dann stand er da und wartete auf seinen Frühling. Lange hat er warten müssen. Die Kolkraben kreisten laut rufend über der Wohld, die Birkhähne bliesen und trommelten auf den Wiesen, Hasel und Erle blühten auf und blühten ab; doch erst als der Kranich im Moor in die Trompete stieß und die Birke sich rührte, durfte der braune Busch seinen tausend Knospen den Willen lassen, und nun steht er da, umgeben von goldenem Schein und atmet einen strengen und starken Duft aus, der sich mit dem Hauche des jungen Birkenlaubes und dem Kiengeruche der sprossenden Kiefern vermischt.

Alle die anderen Porstbüsche, die zwischen den Rinnsalen, die aus der Geest quellen, stehen, hier einzeln und hoch, von Birken, Weiden, Eichen und Erlen bedrängt und von gewaltigen Wacholdern und hohen Stechpalmen, dort niedriger und in Scharen vereinigt, durchwuchert von silbern anblühendem Wollgrase und lustig sprießendem Riede, haben ebenfalls ihre Kätzchen erschlossen. Wenn sie aber auch noch so sehr prahlen und prunken, zur Alleinherrschaft kommen sie hier doch nicht. Denn das Bergmilzkraut ist noch da, das mit hellblühendem Rasen die Wässerchen umflicht, stolze Dotterblumen protzen aus saftigem Laub hervor, die Weidenbüsche leuchten von oben bis unten vor Blütenpracht, und das junge Laub der Birken, vermengt mit zierlichen Troddelchen, schimmert und flimmert im Morgensonnenlichte.

Einst, als der Wolf hier noch das Hirschkalb hetzte, bei Tage der Adler das große Wort hatte und bei Nacht der Uhu, herrschte der Porst unumschränkt von der Geest bis an die Aller. Aber die Bauern brannten ihn nieder, rodeten ihn aus, schlugen Pfähle ein, zogen Drähte, trieben das Vieh in die Gatter, kalkten das Land, und nun sind Wiesen und Weiden da, wo ehemals nichts war, als Porst und Porst und immer wieder nur Porst und hier und da eine Eiche, ein Wacholder, ein Stechpalmenbusch. Nur an den Seiten der Wiesen und an einigen Gräben hat er sich noch halten können und zieht braune, goldig leuchtende Streifen durch die grünen, vom Schaumkraut bläulichweiß überhauchten Flächen. Hinter den Wiesen aber, in der großen Sinke, die von zwei flinken Bächen und einem faulen Flüßchen überreich mit Wasser versorgt wird, hat der Porst noch die Obergewalt. Es fehlt dort anfangs nicht an Bäumen und Sträuchern, knorrigen Eichen, schlanken

Birken, stolzen Fichten und krausen Kiefern; aber jetzt, wo der Porst in Blüte steht, kommen sie nicht zur Geltung, denn die ganze weite, breite, nur hier und da von einer Krüppelkiefer, einem Erlenhorste, einem Weidenbusche unterbrochene Fläche ist ausgefüllt von ihm, ist ein einziges goldenes, glühendes, loderndes Gefilde, erfüllt von tausendfältigem Leben.

Dumpf murren in den Tümpeln die Moorfrösche, hell locken im Riede die Heerschnepfen, wehleidig klagend taumeln die Kiebitze dahin, und mit jauchzendem Schrei kreist der Bussard unter den Wolken. Auf dem grauen Wacholdergerippe sitzt der Raubwürger, schrill rufend, helle Weihen werfen sich mit gellendem Keckern aus der Luft, der Brachvogel steigt empor und läßt seine wehmütigen Triller weithin schallen, Kuckuck und Wiedehopf läuten, die Turteltauben schnurren, und viele kleine und feine Stimmen erklingen, ab und zu übertönt von den herrischen Fanfaren des Kranichs oder von dem dröhnenden Basse des Rehbockes, der von einem Menschen Wind bekommen hat und nun durch den Porst flüchtet, daß der Blütenstaub hinter ihm herwirbelt und die graue Glockenheide, die braune Sandheide, das grüne Ried und das silberne Wollgras mit dichtem gelbem Puder verhüllt.

Heute herrscht der Porst hier noch und morgen und übermorgen. Um das düstere Erlengebüsch frohlockt er und jauchzt aus dem modrigen Birkenwalde heraus. Aber die Sonne, die ihm nach langem Warten die Schönheit brachte, wird sie ihm bald nehmen, der Wind streift ihm den goldenen Staub aus den Kätzchen, der Regen gibt ihm den Rest. Mit verdorrten, fahlen Blüten wird er dann dastehen; niemand wird nach ihm hinsehen, wenn er sich mit jungem Laube schmückt, und je voller er sich beblättert, um so unsichtbarer wird er und verschwindet zwischen der Heide und dem Riede und den Weiden und dem übrigen Bruchgebüsch als ein Strauch, den keiner sieht und kennt. Im Herbste wird er dann noch einmal goldgelb und feuerrot leuchten und lodern und im Winter sich purpurrot aus dem Schnee erheben, um auf den Frühling zu warten; doch niemand freut sich an ihm.

Hinter den Erlen quillt eine Rauchsäule empor, und noch eine und immer mehr. Die Bauern brennen den Porst; er steht ihnen im Wege. Hier liegen die blühenden Büsche zu Tausenden am Boden, da starren sie tot und schwarz aus dem jungen Grase. Über das Jahr wird der feurige Busch nicht mehr so unumschränkt hier herrschen; Wiesen und Weiden werden ihn durchziehen. Und noch ein Jahr und abermals eins wird kommen, und aus ist es mit ihm. Nicht mehr wird der Birkhahn hier balzen, der Kranich trompeten, die Heerschnepfe meckern.

Verschwunden wird bis auf einige dürftige Reste der Porst sein mit seiner Pracht und all dem bunten, reichen Leben, das sich in ihm barg.

Der Baumgarten.

Die Kohlmeise war es, die den Baumgarten aus dem Winterschlafe brachte. Sie sang so lange in dem Haselbusche, bis dessen Troddelchen sich reckten und streckten und goldenen Staub ausschütteten.

Da fühlte sich die Amsel bewogen, die Aprikosen wachzusingen. Es dauerte eine ganze Weile, ehe ihr das gelang; aber dann entfalteten alle auf einmal ihre rosenroten Blüten und die Leute, die die Straße entlang kamen, blieben stehen, lachten mit den Augen und sagten: »Ah!«

Das machte den Buchfinken eifersüchtig und er begann zu schlagen, daß erst die Knospen an den Kirschbäumen und dann die der Birnbäume aufsprangen und die Zweige aussahen, als seien sie frisch beschneit, und als der Grünfink zu schwirren begann und der Girlitz trillerte, ermunterten sich auch die Pflaumenbäume und die Leute blieben wieder stehen und sagten: »O wie schön!«

Aber die Apfelbäume rührten sich immer noch nicht, soviel Mühe sich Meise, Amsel und Fink auch mit ihnen gaben, und Grünfink und Girlitz, Hänfling und Stieglitz. Es mußte erst das Gartenrotschwänzchen aus dem Süden kommen; das weckte die Frühäpfel auf, und die späten Sorten schüttelten auch dann noch nicht den Schlaf ab, sondern warteten, bis der Wendehals da war. Dann aber bedeckten sie sich mit rosenroten Knospen, zwischen denen die schlohweißen Blüten leuchteten und abermals blieben die Leute stehen und sagten: »Ach wie entzückend!«

Mittlerweile war auch das Gras üppig gewachsen und zwischen ihm öffneten sich Hundert und Aberhundert von goldenen Kettenblumen, so daß die roten und weißen Taubnesseln gar nicht mehr so zur Geltung kommen konnten, wie bisher. Sobald die Sonne am Morgen warm schien, öffneten sich ihre Abbilder, eins nach dem anderen, wandten sich ihr zu und strahlten und glühten gleich ihr, und nun war der Baumgarten eigentlich erst gänzlich aufgewacht und lebte in lauter Blüten und Liedern. Um die Stachelbeerbüsche und Johannisbeerstauden summten die Bienen, über den goldbesternten Rasen flogen Füchse und Pfauenaugen, und in den herrlich geschmückten Zweigen sang und klang es von früh bis spät.

Kohlmeise, Amsel und Buchfink, die bislang das größte Wort haben, verschwinden mit ihren Liedern beinah vor denen der übrigen Vögel, so singt und klingt es in den Wipfeln. Da ist zuerst der Star. In dem Nistkasten, der in dem höchsten Birnbaume hängt, baut er und wenn er nicht Neststoff einträgt oder auf Nahrung ausfliegt, dann sitzt er vor seinem Hause, sträubt die Kehlfedern, klappt mit den Fittigen und quiekt und schnalzt und quinquiliert und dreht sich und wendet sich, daß sein Gefieder nur so blitzt und so blinkert.

Dann ist der Grünfink da, der in dem Rotdorne brütet und den ganzen Tag lockt und schwirrt, bis es ihm auf einmal einfällt, daß er noch etwas Besseres kann, um seine Frau zu belustigen, und dann fliegt er, hin und her taumelnd, genau so wie eine Fledermaus. Das kann außer ihm nur noch sein kleiner Vetter, der Girlitz, von dem zwei Pärchen in dem Baumgarten nisten. Es sieht zu putzig aus, wenn der sein seltsames Geflatter beginnt, bis er wieder auf einem Wipfel einfällt, lustig mit dem Schwänzchen wippt und fröhlich trillert und das Gezwitscher der Stieglitze und das Geschwätz der Bluthänflinge übertönt, obgleich er viel kleiner ist als diese. Dafür sind ihm diese aber an schönen Farben voraus.

Sie können aber nicht mit dem Gartenrotschwanz wetteifern, dessen silberklarer Gesang ab und zu laut aus dem Stimmengewirr heraustönt. Silberweiß ist seine Stirn, kohleschwarz seine Kehle und schön rot seine Brust. Der allerschönste Vogel in dem ganzen Baumgarten ist es, obgleich der schwarzweiße Trauerfliegenschnäpper sich auch wohl sehen lassen kann, und auch hören, denn sein Liedchen, wenn auch nur kurz, ist hell und klar und fröhlich, und das Vögelchen ist so flink und so lebhaft, daß es sehr von den übrigen Bewohnern des Baumgartens absticht.

Das tut der Kleinspecht nicht, obgleich er mit seiner schwarzweißroten Färbung auffallend genug aussieht. Aber er ist ein stilles, bescheidenes Kerlchen, das meist schweigend an den Stämmen und Ästen entlangrutscht und die Blutläuse vertilgt und nur ab und zu lockt. Nur wenn er seinem Frauchen den Hof macht, wird er lebhaft. Dann kichert er schrill und fliegt mit sonderbarem Geflatter um sie herum, daß er wie ein großer bunter ausländischer Schmetterling anzusehen ist. In dem toten Ast des alten Winterapfelbaumes hat er sich seine Nesthöhle gezimmert und bringt dort Jahr für Jahr seine vier bis fünf Jungen aus. Wenn die beflogen sind, sieht es reizend aus, wenn die Eltern sie lehren, wie man sich durch das Leben schlägt. Das ist dann ein wunderliches Gerutsche und Gekrabbel in den Kronen und ein Hin- und Hergeflatter und Gequieke und Gepiepse den ganzen Tag lang, bis am Abend alle miteinander wieder ins Astloch schlüpfen.

Ein überaus schnurriger Gesell ist der Vetter des Zwergspechtes, der Wendehals. Er sieht mit seinem bräunlichen, äußerst fein gestrichelten Gefieder und dem breiten, schöngebänderten Schwanze gar nicht aus, als ob er zu den Spechten gehörte, ruft aber ähnlich wie der Rotspecht, der in dem benachbarten Eichwalde wohnt und ab und zu hier Gastrollen gibt. Aber wenn der Wendehals an einem Stamme entlangklettert, oder an einem morschen Aste nach Larven hämmert, dann sieht man es ihm sofort an, wohin er zu rechnen ist. Ganz albern stellt er sich an, wirbt er um sein Weibchen. Dann spreizt er die Schwingen, fächert den Schwanz, richtet die Scheitelfedern auf, macht den Hals lang und dreht und wendet ihn so aberwitzigster Art, daß man meinen sollte, er habe gar keine Knochen darin.

Vielerlei Vögel sind es noch, die in dem Baumgarten leben oder ihn Tag für Tag besuchen. Da sind die Gartengrasmücke, der Mönch, die Dorngrasmücke und das Müllerchen, alle vier fleißige Sänger, die in den Weißdornhecken und in den Stachelbeerbüschen brüten. Dann ist der Gartenspötter noch da, der in dem Fliederbusche sein kunstvolles Nest hat, das vier rosenrote Eier enthält, ein ganz emsiger Sänger, und ein sehr beweglicher Vogel, der den ganzen Tag in den Zweigen umherklettert und laut dabei singt. Sein Verwandter, der Weidenlaubvogel, ließ sich im ersten Frühling fleißig mit seinem seltsamen Liedchen vernehmen. Auch später singt er noch genug, doch übertönen ihn die vielen anderen Sänger ebenso wie die Kohlmeise, die Gartenmeise und die Blaumeise, die mit ihm die Vorfrühlingssänger waren, wie denn auch das feine Liedchen des Baumläufers, der wie ein Mäuschen an den Stämmen emporrutscht, jetzt ganz verschwindet in der Fülle von Lauten.

Einer aber, der sogar mitten im Winter hier sang, ist nicht unterzukriegen, obwohl er der kleinste aller Sänger ist. Das ist der Zaunkönig. Wenn der loslegt, sei es, daß er sein Liedchen schmettert oder daß er vor einer stromernden Katze warnt, dann ist er mehr als deutlich zu vernehmen. Viel mehr fällt er auf, als die Braunelle, die in der Hecke brütet, und das Rotkehlchen, das in einer der vier Fichten, die in den Ecken des Gartens stehen, sein Nest hat, und am liebsten in der Frühe oder vor dem Abend sein silbernes Liedchen erschallen läßt, das sich mit dem lauten und anspruchsvollen Gesange der Nachtigall, der von dem Parke herüberschallt, zwar nicht an Stärke, wohl aber an Innigkeit wohl messen kann. Von dort tönt abends und oft die ganze Nacht hindurch auch das weiche, süße Lied des Gartenrohrsängers, der dem Baumgarten oft einen Besuch abstattet, hervor und mischt sich mit dem klagenden Rufe der Käuzchen, die manchmal am hellen Tage dort angeschwebt kommen und sich einen Sperling holen, an denen es natürlich auch nicht fehlt, sowohl an Hausspatzen, wie an den niedlichen Feldsperlingen.

Der schlimmste Räuber nächst den Katzen aber ist der Sperber. Jeden Tag kommt er an dem Zaune entlang geschwankt, schwingt sich über die Hecke und geht, ehe sich die Vögel in dem dichten Gezweige bergen können, mit einem Spatzen, einer Amsel, einem Finken oder einem anderen Vögelchen ab. Zu den Vögeln, die der Besitzer des Gartens nicht gern sieht, gehören die Dohlen, die auf dem Turme der alten Kirche horsten, denn sie holen sich von den Pflaumenbäumen die Tragreiser zum Bau ihrer Nester, plündern später auch die Kirschen, wobei ihnen Pirol und Kornbeißer helfen, während wintertags der Dompfaff die Blütenknospen der Bäume verbeißt.

Auch dann ist es im Baumgarten nicht still. Meisentrupps, von einem Buntspechte geführt, fallen ein und säubern die Äste von Frostspannereiern, Krähen kommen und stellen den Mäusen nach, und ist sonst nichts los, so sorgen die Sperlinge dafür, daß dort etwas Leben ist. Am allerlustigsten aber geht es im Baumgarten jetzt zu, wo alle Zweige voller Blüten sind und im Rasen die goldenen Butterblumen blühen.

Die Kirchhofsmauer.

Die Dorfkirche ist schon sehr alt. Man sieht das an den gewaltigen Strebepfeilern, an den Schießscharten, die freilich schon lange vermauert, aber noch zu erkennen sind, an den Hals- und Armeisen des Prangers neben der Haupttüre, an der steinernen Sonnenuhr und an den grünlichen Grabsteinen, die sie umgeben.

Auch die Mauer, die den Kirchhof einschließt, ist sehr alt. Sie bildete mit der Kirche zusammen einst die Feste des Dorfes, in die sich die Bauern zu Kriegszeiten, wenn die Not am höchsten war, zurückziehen konnten. Sie ist hoch und breit und aus großen Bruchsteinen gebaut. Jetzt ist sie ein wenig verwittert und von Rosen und Pfeifenstrauch, Spillbaum und Judendorn überwuchert und hier und da von Efeu berankt, und allerlei zierliche Farne und anderes Gekräut wuchert zwischen den grauen, mit gelben Flechtenkringeln und dunkelgrünen Moospolsterchen bewachsenen Steinen hervor.

Im ersten Frühling, wenn der Huflattich am Grunde der Mauer seine goldenen Sönnchen entfaltet, blüht in ihren Ritzen das zierliche Hungerblümchen und die Fingerkrautpolster bedecken sich mit weißen und gelben Blüten. Später bilden rote und weiße Taubnesseln dichte bunte Sträuße, der Löwenzahn prahlt stolz, der Ehrenpreis blickt freundlich, bis Schöllkraut und Labkraut ihn und die andern im Verein mit blutrot besterntem Storchschnabel überprotzen und an manchen Stellen das Gestein fast ganz verhüllen, während an anderen die Fetthenne, ganz mit goldenen Blütchen bedeckt, dichte, tief herunterhängende Rasen bildet, und weiterhin der Gundermann seine blaublühenden Ranken bis an den Grund der Mauer herabhängen läßt.

Vielerlei Getier lebt an der Mauer, bunte Schnirkelschnecken und die graue spitze Schließmundschnecke, Sprungspinnen und Mörtelbienen, auch verschiedene Käfer und sonstige Lebewesen. Gern sonnen sich hier die Füchse und das Pfauenauge, und nicht selten verschläft ein rotes Ordensband dort den Tag. In einer von Efeu überwucherten Spalte neben der Treppe hat der Zaunkönig gebaut, in dem struppigen Judendorn hat die Braunelle ihr Nest und unter den verbogenen Wurzeln der alten Linde die Bergbachstelze. Auch das Rotkehlchen, das im Pfarrgarten wohnt, schlüpft oft an der Mauer hin und her, und der Rotschwanz, der unter dem Kirchdache seine Brut hat, flattert oft vor ihr umher und fängt Fliegen.

Dann haben dort noch Kröten ihren Unterschlupf. Rechts von der Linde, wo die Mauer schon sehr zerfallen ist und Gras und Quendel dicht wuchern, wohnt eine dicke Erdkröte, und da, wo unter dem Holunderbusch die kleinen blauen Glockenblumen in dichter Fülle herabhängen, eine ebenso dicke Wechselkröte. Den Tag über halten sich beide meist versteckt. Nur wenn nach längerer Dürre ein sanfter Regen herunterkommt, verlassen sie auch einmal bei hellem Lichte ihre Löcher und steigen auf den Friedhof hinauf, um zwischen den eingesunkenen Gräbern auf die Jagd nach Nacktschnecken und Regenwürmern zu gehen, die dann reichlich aus dem Grase und dem Erdboden hervorkommen.

Langsam und bedächtig schiebt sich die Erdkröte dann über die moosigen Wege dahin, ab und zu ungeschickt hüpfend, wenn ein Mensch mit seinen Tritten den Boden erschüttert. Dann drückt sie sich zwischen einige Steinbrocken oder hinter einen Grasbüschel, und setzt sich erst wieder in Bewegung, wenn es ringsumher ganz still geworden ist. Dann und wann, wenn sich vor ihr etwas rührt, macht sie halt und schnellt die Klappzunge nach der Ackerschnecke, die an einem Blatte emporkriecht, oder reißt mit derbem Rucke den Regenwurm ganz aus der Erde und schlingt ihn, mit den Händen nachstopfend, hinab. So treibt sie es, bis sie übersatt ist und genügend Nachttau mit der Haut aufgenommen hat, um sich dann, wenn die Frühdämmerung herannaht, wieder in ihr Mauerloch zurückzuziehen.

Die hübsche, grün und weiß gefleckte Wechselkröte ist viel gewandter als sie. Sie hüpft so flink wie ein Frosch, klettert sicher an den steinernen Umfassungen der Gräber empor und läuft, wenn sie sich in Gefahr glaubt, hurtig in einen Schlupfwinkel. Wenn ihre goldgrünen Augen irgendwo eine Bewegung im Grase erspähen, so ist sie schnell da und schnappt die Beute fort. Mit ganz großen Tauwürmern wird sie leicht fertig, und wenn ihr ein winziger Grasfrosch in den Weg kommt, so macht sie mit dem auch wenig Umstände. Nur um die mächtigen, blauen, goldgrün und kupferrot schimmernden Maiwurmkäfer mit den unförmlichen Leibern, die sie bei ihren Tagesfahrten oft antrifft, kümmert sie sich nicht, denn die sind ihr ekelhaft.

Im März, wenn die Sonne das Wasser des Dorfteiches anwärmt, tritt die Erdkröte alljährlich die große Reise nach den Flachsrösteteichen unter dem Dorfe an, wo sie sich mit ihresgleichen trifft. Aus dem Murren der Grasfrösche klingt dann ihr trockener, hölzerner, wenig lauter Paarungsruf heraus, und bald darauf glitzern zwischen den Wasserpflanzen ihre langen, schwarzgeperlten Laichschnüre, aus denen sich schnell winzige schwarze Kaulquappen entwickeln, auf die die drei Arten von Molchen, die dort ebenfalls ihre Laichplätze haben, eifrig Jagd machen. Erst lange nachher, wenn die Laubfrösche dort meckern und die Wasserfrösche plärren, kommt auch die Wechselkröte angerückt und ihr helles Trillern hebt sich dann scharf von dem Quarren der Frösche und dem Schnarren der Kreuzkröten ab. Ist aber die Laichzeit vorüber, so tritt sie wieder die lange Reise nach der Kirchhofsmauer an und sucht wie die alte Erdkröte ihr Loch bei der Linde, ihre Steinspalte unter dem Glockenblumenbusch auf, das sie Nacht für Nacht verläßt, um zwischen den Grabhügeln zu jagen.

Es sind die beiden besten und sichersten Schlupfwinkel in dem alten Gemäuer, und schon so lange wie der alte Pfarrer hier lebt, kennt er die beiden Kröten. Wahrscheinlich sind es nicht immer dieselben, denn im Herbst schnobert der Iltis hier oft umher und sammelt Frösche und Kröten für die karge Zeit. Aber immer wieder sind die beiden Löcher von alten, dicken Kröten, hier von einer Erdkröte, da von einer Wechselkröte, besetzt, und das wird wohl so lange dauern, wie die Kirchhofsmauer besteht.

Die Moorwiese.

Dort, wo die Heide zum Moore geworden ist, liegt ein großes Stück Wiesenland.

In schwerer Arbeit hat der Bauer die Heide abgeplaggt, Rieselgräben gezogen, eine Quelle des Söbenbores hineingeleitet, dem Boden Kalk zugeführt und so die Wiese geschaffen, die ihm seinen Schweiß und seine Mühe reichlich lohnt.

Dieses grüne Stück Land zwischen Moor und Heide ist eine eigene Welt für sich. Süße Gräser gedeihen auf ihr und fetter Klee, zierliches Schaumkraut, kecker Hahnenfuß, gebrechliche Kuckucksnelken und schwanker Sauerampfer, auch das vornehme Knabenkraut und das stolze Wohlverleih, und an ihren Rändern die anmutige Spierstaude sowie die leuchtende Wasserlilie.

Die reichlichere Nahrung brachte ein stärkeres Tierleben hervor, als nebenan in Heide und Moor. In dem dichten Grase wimmelt es von allerlei Raupen, Käfern, Heuschrecken und anderem Gewürm, und überall kriechen die Bernsteinschnecken umher, flattern Motten, schwirren Graseulen, taumeln Buttervögel, und die großen und kleinen Schillebolde, die, sobald die Sonne scheint, hier unaufhörlich hin und her flirren, machen reiche Beute.

Ein gutes Leben haben auch die Moor- und Grasfrösche dort, desgleichen die Spitzmäuse; ihnen nach schleicht die Kreuzotter, die sich an heißen Tagen hier gern im kühlen Grase birgt, und der Dorndreher, der in der Hecke sein Nest hat, findet auf der Wiese Futter genug für seine immer hungrige Brut. Gern wurmt da auch die Heerschnepfe, und mit Vorliebe stelzt der Brachvogel dort umher und liest unter bedächtigem Kopfnicken allerlei kleines Getier auf, wobei ihm ein Kiebitzpaar Gesellschaft leistet, und an tauschweren Abenden läßt der Wachtelkönig aus dem langen Grase sein Geschnarre erschallen.

Immer ist hier etwas los. Eben rüttelte der Raubwürger über der Wiese, nach einer Zwergmaus spähend; darauf ließen sich zwei Krähen nieder und suchten Heuschrecken; dann kam der Sperber vorbeigeschwenkt, zog aber mit leeren Griffen ab, weil sich die Dorngrasmücke noch rechtzeitig in das Gestrüpp fallen ließ, und hinterher kommt ein Kornweihenmännchen angeschaukelt und suchte die Wiese Fuß um Fuß ab, bis sie niederstößt und mit irgend einer Beute abzieht. Jetzt läßt sich ein Feldhuhnpaar dort nieder; der Hahn treibt die Henne eifrig und schwirrt mit ihr in das Moor hinein.

Und dann flimmert und funkelt es herrlich; ein Fasanenhahn ist aus dem Gebüsche hervorgetreten und läßt sein Gefieder in der Sonne leuchten.

Ihm gegenüber, am Ende der Wiese, hoppelt ein Hase aus der Heide und mümmelt eifrig das Gras ab. Kaum ist er verschwunden, so schiebt sich ein Rehbock halb aus den Birken, sichert ein Weilchen und tritt ganz heraus, unter fortwährendem Verhoffen das Gras abäsend. Jetzt wirft er auf und äugt scharf dahin, von wo der Storch angeschritten kommt. Es paßt ihm nicht, daß ihn der Langhals stört, und halb aus Scherz, halb im Ernst zieht er, die Läufe im spanischen Tritt setzend, ihm entgegen und macht drohende Forkelbewegungen mit dem Haupte, bis er seinen Zweck erreicht hat, der Storch sich aufnimmt und abstreicht, während der Bock sich langsam an der Hecke herunteräst und dann wieder dem Moore zuzieht.

Eine Weile ist es leer auf der Wiese, nur, daß die Dorngrasmücke ab und zu über ihr herumzwitschert und Ammern und Finken angeflogen kommen, um sich an den Staugräben zu tränken. Die Schillebolde schwirren hin und her, ein Zitronenfalter taumelt vorbei, Weißlinge tanzen auf und ab, eintönig schwirrt die Laubheuschrecke. Dann läßt sich ein fast ganz weißer Wespenbussard mitten in der Wiese nieder, schreitet bedächtig im Grase umher und füllt sich den Kropf, um dann dem Forste zuzuschweben, wo er seinen Horst hat. Plötzlich ist eine weiße Bachstelze da, lockt, springt nach Fliegen und flieht eilig, weil das Raubwiesel angehüpft kommt, hastig durch das Gras schlüpft und mit einer halbwüchsigen Wühlratte zwischen den Zähnen dem Gebüsche zueilt.

So geht es den ganzen Tag, und naht der Abend heran, verschwinden die Wasserjungfern, hört das Faltergeflatter auf, erstirbt das Bienengesumme und das Hummelgebrumm, dann wird ein anderes Leben laut. Der Heuschreckensänger läßt sein eintöniges Geschwirre ertönen, das Rotkehlchen singt sein Abendlied. Fledermäuse zickzacken hin und her und die Nachtschwalbe jagt mit ihnen um die Wette. Wird es noch dunkler, so stellt sich auch die Mooreule ein und geht auf Mäusefang, Enten fallen ein und gründeln in den Rieselgräben, um mit lautem Angstgequarre von dannen zu poltern, wenn der Fuchs sie zu beschleichen versucht, heftig angeschmält von dem Altreh, das mit seinen beiden Kitzen auf die Äsung getreten ist.

Ganz duster ist es nun geworden. Im hohen Grase schnauft und schmatzt der Igel, der Iltis geht auf die Froschjagd und flüchtet, wie der Dachs heranschleicht und nach Untermast sticht, bis auch ihn ein dumpfes Dröhnen vergrämt. Ein Rottier ist es, das mit seinen Kälbern herangezogen kommt, und sich bis zum Morgen in der Wiese äst, deren Gras reifer und süßer ist als im Forste und auf dem Moore. Ehe aber der Nebel aus dem Grase weicht, ist das Rotwild schon wieder verschwunden und außer zwei Hasen ist dort nur noch der Rehbock zu sehen, der aber auch bald abzieht.

Noch ein Weilchen jagt die Mooreule an den Staugräben entlang, die Heerschnepfe lockt, der Heuschreckensänger schwirrt: dann verliert sich der Nebel und die Tiere des Tages treiben wieder ihr lustiges Leben auf der Wiese zwischen Heide und Moor.

Die Schlucht.

Unter der Steilwand des Berges erhebt sich ein Dutzend Klippen in dem Buchenaufschlag, und darunter liegt ein großer Erlensumpf, in dem sich das Regenwasser, das von den Felsen hierhin geleitet wird, fängt, um in einer Reihe von dünnen Wasserfäden wieder zum Vorscheine zu kommen, die sich allmählich zusammenfinden und ein Bächlein bilden. Im Laufe der Zeit hat es sich ein tiefes Bett in den Berg gegraben, den Erdboden bis auf den felsigen Grund fortgewaschen, und so rinnt es nun in einer engen Schlucht mit steilen Wänden zu Tale, meist flach und dünn, dann und wann aber breite flache Tümpel oder tiefe Löcher bildend, je nachdem die Rinne sich verbreitert oder Felszacken sie einengen.

Da aus der Schlucht immer eine feuchte Luft heraussteigt, sind ihre Ränder dicht mit Farnen bestanden, hohem Straußfarn und Wurmfarn, deren verwelkte Wedel jetzt wie braune Fächer herabhängen, starrem Rippenfarn, dessen Laub auch im Winter grün bleibt, und Tüpfelfarn, der ganze Rasen zwischen den Wurzeln der alten Eichen bildet, die die Schlucht begleiten. Aus den Spalten ihrer feuchten Wände kommen dichte Büschel winziger Felsenfarne hervor, die helles und dunkles, gefiedertes und gelapptes Laub tragen, und mit Efeuranken, Lebermoosgeflechten und Laubmoospolstern die Felswände fast ganz bedecken.

Im Sommer kommt die Sonne wegen der dichtschattenden Eichen und Buchen nur an ganz wenigen Stellen bis an die Schlucht heran; jetzt aber, da die Wipfel kahl sind, kann sie sie nur da nicht erreichen, wo die Fichten sich ganz eng um sie zusammendrängen. Hier, wo die Steilwände auseinandergehen und der Wasserfaden ein breites Becken mit flachen Ufern gebildet hat, fällt das Mittagslicht der Wintersonne voll auf das Wässerchen. Die Schneeflocken an seinen Rändern leuchten nur so und die Eiszapfen an den freien Wurzeln blitzen und funkeln um die Wette mit den Blättern des Efeus und des Haselwurzes.

So warm scheint die Sonne, daß die Schneeflöhe auf den Schneeflecken lustig hin und her hüpfen und der Gletschergast, das seltsame, flügellose, dunkelerzgrüne Wespchen, munter zwischen den Fruchtschirmen des Brunnenmooses auf und ab springt. Eine kleine Gehäuseschnecke ist unter der Wirkung der Sonnenwärme aus der Froststarre erwacht; sie kriecht langsam vorwärts und weidet den Algenüberzug des Gesteins ab. Da kommt unter einem faulen Farnwedel ein winziges, fast nacktes Schneckchen, das auf dem Hinterleibe einen lächerlich kleinen flachen Deckel trägt, hervorgekrochen. Es streckt seine Taster in die Luft, bewegt sie hin und her und schleicht dann stracks auf das andere Schneckchen zu, das, sobald es sich berührt fühlt, sich schleunig in sein Häuschen zurückzieht. Doch das nützt ihm wenig, denn die Daudebardie legt sich darüber, raspelt mit ihrer scharfgezähnten Zunge das Häuschen durch und frißt das Schneckchen bei lebendigem Leibe auf.

In den Sonnenstrahlen, die durch die Wipfel der Fichten fallen, blitzt und funkelt es unaufhörlich auf und ab. Ein Schwarm von Wintermücken ist es, die hier ihren Hochzeitstanz aufführen. Den Sommer über haben sie als Larven in dem faulen Laube am Grunde der Schlucht gelebt, haben sich im Spätherbste zu Mücken entwickelt und schwärmen nun fröhlich umher. Sie locken den Zaunkönig an, der eben noch in dem dichten Waldrebengeflechte, das die lichthungrigen Dornbüsche weiter unten an der Schlucht umspinnt, fürchterlich lärmte, weil es ihm nicht paßte, daß die Waldmaus da umhersprang und ihm die Spinnen und Käfer fortfing, die er als sein ausschließliches Eigentum betrachtet. Nun schlüpft er in der Schlucht von Wurzel zu Wurzel und hascht alle Augenblicke eine der Mücken. In den Dornbüschen turnt ein Sumpfmeisenpärchen umher und pickt die Spannereier von der Rinde fort, und sobald es verschwunden ist, erscheinen mit vergnügtem Gepiepe zwei Blaumeisen und halten Nachsuche.

Dann ertönt ein leises Ticken, ein Rotkehlchen aus dem Norden, das den Winter hierzulande warm genug findet und nicht weiter gewandert ist, kommt angeschnurrt, macht einen Bückling, fängt eine Mücke, trinkt aus dem Tümpel, sucht nach Gewürm und Schneckchen im Moose und schnurrt von dannen. Einige Buch- und Bergfinken fallen ein, tränken sich und stieben wieder ab. Eine Amsel fliegt herbei, wirft mit dem Schnabel geräuschvoll das Vorjahrslaub durcheinander, erbeutet Regenwürmer und Schnakenmaden und streicht mit gellendem Gezeter davon, weil der Fuchs aus der Fichtendickung heranschleicht. Er besucht die Schlucht gern, denn allerlei Mäuse wohnen in ihr, und ab und zu erwischt er dort auch eine Forelle, die sich von Tümpel zu Tümpel geworfen hat, um in dem sauerstoffreichen Wasser abzulaichen. Damit tut sie den vielen Salamanderlarven, die auf dem Grunde der Kölke leben, einen Gefallen, denn die frisch ausgeschlüpften Forellen sind ihnen ein bequemes Futter. Sie selber aber fallen zum Teil dem Eisvogel zur Beute, der ab und zu einen Ausflug in die Schlucht macht, während die Köcherfliegenlarven, die in Menge auf dem Grunde der Pfützen umherkriechen, der Wasseramsel über die schlechte Zeit hinweghelfen müssen, wenn der Bach, in den das Bächlein rinnt, durch Regengüsse oder Schneeschmelze getrübt ist.

Wenn im Vorfrühjahr die Sonne schon mehr Macht hat, blühen die Haselbüsche auf, die an den Flanken der Schlucht wachsen; über die ganze Rinne hin leuchtet es von den goldenen Troddelchen und die bemoosten Felswände werden gelb überpudert. Es dauert dann auch nicht lange, und die vielen Seidelbaststräucher in den Steinspalten bedecken sich mit rosenroten Blüten, die blauen Sterne der Leberblümchen erscheinen im Laube, erst wenige weiße Buschwindröschen, zu denen jeden Tag mehr kommen, und schließlich auch die gelben, die Goldsternchen des Scharfkrautes, rosig aufblühende und dann blau werdende Lungenblumen, die zierlichen Simsen, die unheimliche Schuppenwurz, der bunte Lerchensporn, das winzige Moschusblümchen, und über sie hin schwirrt und flirrt es von Motten und Fliegen, und im Laube rispelt und krispelt es von Käfern aller Art, und lustig flattern die Zitronenfalter zwischen dem Gebüsche umher.

Um diese Zeit kommen auch die Fadenmolche aus ihren Winterlagern hervorgekrochen, fressen heißhungrig, bis sie fett und dick sind, vertauschen ihre mißfarbigen Kleider mit bunten Hochzeitsgewändern und bevölkern die flache, mit faulen Blättern gefüllte Wasserrinne, bis das Laichgeschäft vorüber ist. Ihnen folgen die Salamander, die zu Hunderten hier zusammenkommen und in den tieferen Wasserlöchern ihre Brut absetzen, um sich dann wieder über den ganzen Wald zu verteilen.

Dann aber ist auch die hohe Zeit für die Schlucht vorbei. Die Vorfrühlingsblumen verwelken, das Laub der Buchen und Eichen verschränkt sich und schattet so sehr, daß nur noch die Farne, die braune Vogelnestwurz, der leichenfarbige Fichtenspargel, Pilze und wenige Schattenpflanzen hier gedeihen und von den Tieren Schnecken und solches Gewürm, das mit halbem Lichte zufrieden ist und die feuchte Kühle liebt, und das zum Teil erst dann zu vollem Leben erwacht und sich aus den modrigen Spalten und dem vom Fallaube verhüllten Schotter nach oben zieht, wenn Schnee das Land bedeckt und Eiszapfen aus dem Moose heraushängen.

Die Heide.

Im Spätherbst, als das rosenrote Seidenkleid der Heide immer mehr verschoß, wurden die Stadtleute ihr untreu.

Wochenlang waren sie bei ihr zu Gast gewesen, waren auf und ab gezogen in ihrem Bereiche, hatten ganze Arme voller rosiger Heidsträuße mitgenommen, hatten auf das überschwenglichste von ihr geschwärmt und waren dann fortgeblieben.

Sie wußten nicht, wie schön die Heide spät im Herbst ist, wenn ihr bräunliches Kleid mit silbernen Perlchen bestickt ist, wenn die Moorhalmbüschel wie helle Flammen leuchten, die Brunkelstauden feuerrot glühen und die Hängebirken wie goldene Springbrunnen auf die dunklen Jungföhren herabrieseln.

Die Leute meinen, tot und leer und farblos sei es dann dort. Sie wissen nichts von den knallroten Pilzen, die im seidengrünen Moose prahlen, von den blanken Beeren an den bunten Brombeerbüschen, von den goldgelben Faulbaumsträuchern und den glühroten Espen vor den düsteren Fichten, von den mit purpurnem Riedgrase besäumten, blau blitzenden Torfgruben und von dem lustigen Leben, das zwitschernd und trillernd, pfeifend und kreischend über alle die bunte Pracht hinwegzieht.

Sie ahnen es auch nicht, wie herrlich die Heide selbst dann noch ist, wenn die Birken ihren goldenen Schmuck verlieren und die Eichen ihr bronzenes Laub fahren lassen müssen. Viel farbiger als der Buchenwald ist wintertags die Heide, sei es, daß der Schnee sie verhüllt, von dem dann die ernsten Föhren, die unheimlichen Wacholder und die silberstämmigen, dunkelästigen Birken sich feierlich abheben, oder daß Rauhreif ihr ein zartes Spitzenkleid schenkt, das die Farben der Bäume und Büsche weicher und feiner macht, und das in der Sonne wunderbar glimmert und schimmert. Sogar dann, wenn der Nordweststurm seine zornigsten Lieder singt und die Sonne blutrot in gespenstigen Wolken hinter den blauen Wäldern untertaucht, hat die Heide Schönheiten, die andere Landschaften nicht darbieten. Aber nicht viele Menschen wissen das.

Und jetzt, da die Zeit herankommt, daß die Heide sich zum Frühlingsfeste rüstet, nun sie ihr fröhlichstes Kleid anlegt, da bleibt sie allein für sich, denn die Menschen in der Stadt haben keine Kunde davon, wie lieblich sie ist in ihrer Bräutlichkeit. Wie ein stilles, halb verlegenes, halb schalkhaftes Lächeln in einem schönen, ernsten Frauengesicht ist das Aufwachen des Frühlings im Heidlande, langsam bereitet es sich vor, fast unmerklich tritt es in Erscheinung durch schüchtern sprießende Gräser, verschämt hervorbrechende Blättchen, zaghaft sich öffnende Blüten, bis nach und nach die Büsche und Bäume sich voll begrünen und jede Wiese ein einziges Blumenbeet ist.

Über der wilden Wohld, die geheimnisvoll und dunkel hinter den Wiesen bollwerkt, kreisen die Kolkraben und rufen laut. Da recken die Erlen am Forellenbach ihre Troddeln und schütten Goldstaub auf die Wellen. In den hohen Föhren jagt der Schwarzspecht mit gellendem Jauchzen sein Weibchen von Stamm zu Stamm. Da werden die Bommelchen am Haselbusch lang und länger, bis sie wie Gold in der Sonne leuchten. Der Tauber ruckst auf dem Hornzacken der alten Eiche. Da öffnen die Kuhblumen am Graben ihre stolzen Blüten. Vor Tau und Tag schlägt der Birkhahn im Bruche die Trommel, der Kranich trompetet, die Heerschnepfe meckert, und nun platzen an den kahlen Porstbüschen die braunen Kätzchen auf, das ganze weite Bruch umzieht sich mit einem goldrot glühenden Geloder, und auf den angrünenden Wiesen entzünden die Weidenbüsche helle Freudenfeuer.

Jetzt rühren sich auch die Birken. Sie schmücken sich mit smaragdgrünen Blättchen und behängen sich mit langen Troddeln, und in wenigen Tagen geht ein betäubender Juchtenduft vor dem lauen Winde her, gemischt mit dem strengen Geruch des blühenden Porstes. Auch die Föhren und Fichten färben sich freudiger, die Erlen brechen auf und schließlich lassen sich sogar die Eichen rühren und umgeben ihre knorrigen Zweige mit goldenen Flittern. Nun beginnt ein Jubeln, Singen und Pfeifen, das von Tag zu Tag stärker wird. In den Wäldern schlagen die Finken, pfeifen die Stare, flöten die Drosseln, Laubvogel und Rotkehlchen singen ihre süßen Weisen, die Meisen läuten, die Pieper schmettern, der Grünspecht kichert, der Buntspecht trommelt, die Weihen werfen sich laut keckernd aus der Luft, die Kiebitze rufen und taumeln toll vor Lebenslust umher, und unter den lichten Wolken am hohen Himmel zieht der Bussard jauchzend seine schönen Kreise.

Auch in dem Dörfchen, das unter den hohen Heidbergen fast ganz versteckt zwischen seinen Hofeichen liegt, ist der Frühling eingekehrt. Von jedem Giebel pfeifen die Stare, in allen blühenden Bäumen schmettern die Finken, in den Fliederbüschen schwatzen die Sperlinge, auf der Gasse jagen sich zwitschernd die Bachstelzen, und am Mühlenkolke singt die Nachtigall. Über dem Dorf aber auf der hohen Geest, wo der Wind am schärfsten weht, wird es nun erst Frühling. Einzelne Birken sind ganz kahl, andre wollen sich just begrünen, und nur ganz wenige schaukeln schon ihre Blütenkätzchen. Aber immer mehr Heidlerchen hängen in der Luft und dudeln ihre lieben Lieder hinab, von Tag zu Tag färbt sich das Heidkraut frischer, schmücken sich die mürrischen Wacholderbüsche mit mehr jungen Trieben, verjüngt sich das Torfmoos im Quellsumpf und umzieht sich sein Abfluß mit silbernen Wollgrasschäfchen und goldgelben Milzkrautblüten, und hin und her fliegen die Hänflinge, lustig zwitschernd.

Endlich flötet der Pfingstvogel in den hohen Birken bei dem alten Schafstall, in der Wiese stelzt der Storch umher, grüne Käfer fliegen blitzend und schimmernd über den gelben Sandweg, die Morgenrotfalter taumeln über die Wiesen, die vom Schaumkraut weiß überhaucht sind, an den Föhren und Fichten springen gelb und rot die Blütenzapfen auf und sprießen neue Triebe, und ganz und gar hat sich nun der Frühling die Heide erobert von den kahlen Höhen an bis tief in das Moor hinein, wo an den Torfgruben die Rosmarinheide ihre rosenroten Glöckchen entfaltet und auf den Gräbern silberglänzendes Gras flutet. Das ganze Land ist verjüngt, überall ist frisches, junges Laub und buntes Geblüm, darüber hin zieht ein kräftiger Duft, und kein Fleck ist da, wo nicht ein Vogellied erschallt von der Frühe an, wenn die Birkhähne blasen und trommeln, bis zur Abendzeit, wenn die Nachtschwalbe mit gellendem Pfiff dahinschwebt und laut die Fittiche zusammenknallt.

Dann ist die Heide lustiger als zu einer andern Zeit, so voll von Leben, so bunt von Blumen, so reich an Farben, daß auch ihre ernsten Menschen fröhlicher werden müssen. Rauscht doch das Birkenlaub so schelmisch im Wind, summen doch selbst die brummigen Föhren zufriedener als je, flattert es allerorts weiß und bunt von flinken Faltern und ist die von Kienduft durchtränkte Luft erfüllt von Lerchengetriller und Piepergeschmetter, daß der Mensch helläugig werden muß, auch wenn er bei sengender Sonnenglut im Moor in schwerer Mühe den Torf gewinnen muß; denn ohne daß er es weiß, machen die leise zitternden weißen Wollgrasflocken, die silbern blitzenden Birkenstämme und die goldenen Blüten an den Ginsterbüschen sein Herz leicht und heiter.

Von all der Pracht aber wissen die Menschen in der Stadt nichts; sonst würden sie nicht in überfüllten Anlagen und lärmdurchtönten Wirtschaftsgärten Erholung suchen, die dort nicht zu finden ist, sondern ihren Sonntag in der Heide verbringen, in der lachenden, lustigen, liederreichen Heide.

Der Fluttümpel.

Einen ganzen Tag und eine volle Nacht schlugen die Wogen über den Strand. Ein jedes Mal, wenn sie ankamen, luden sie totes und lebendes Getier, Steine und Tang ab, nahmen dafür aber große Mengen Sand mit, so daß den ganzen Strand entlang eine Reihe von Tümpeln entstand.

Die meisten von ihnen waren so flach, daß sie die Sonne heute in wenigen Stunden austrocknete. Der eine aber hier hinter der Barre von Feuersteinknollen, Seegras und Miesmuscheln, die die Wogen anhäuften, hat den Sonnenstrahlen widerstanden, denn er ist anderthalb Fuß tief, zwanzig Schritte lang und zehn breit.

Ein Meer in kleinem Maßstab ist dieser Flutkolk. An mehreren Stellen liegen Feuersteine, die dicht mit ledrigem Blasentang bewachsen sind, dessen Laub bis an den Spiegel reicht. Auf anderen Steinen, die das Wasser hier hinschleuderte, wuchern zarte Tange von hellgrüner Farbe, auf anderen wieder zierliche Algen, braun, rot und grün gefärbt. Der Boden des Tümpels besteht aus klarem Sande und den Schalen von Muscheln und Schneckengehäusen.

Die See hat so viele Dorsche, Knurrhähne und Butts auf den Strand geworfen, daß die Möwen und Krähen überreichlichen Fraß finden, und so kümmern sie sich nicht um das Getier, das in dem Kolke lebt, und auch die Brandenten, die bei hohem Seegange gern in ihm herumschnattern, gründeln heute, wo das Meer still wie ein Spiegel daliegt, in der Seegraswiese im Seichtwasser, in dem es von Fischbrut, Schnecken und Garnelen wimmelt. So haben die Tierchen in dem Tümpel vorläufig Ruhe.

Hurtig schießen die jungen Dorsche durch das Wasser und jagen auf winzige Krebschen. Sobald aber unser Schatten auf den Wasserspiegel fällt, huschen sie unter die Steine oder verbergen sich zwischen dem Blasentang, und die Garnelen fahren von dannen und graben sich blitzschnell in den Kies ein. Eine durchsichtige Qualle schwimmt langsam an der Oberfläche. Jetzt schließt sie sich über einem halbtoten jungen Dorsch und sinkt mit ihm zu Boden, um ihn aufzusaugen, und dicht neben ihr kriecht ein Seestern und sucht nach lebenden Miesmuscheln.

Zwischen dem zarten hellgrünen Tange bewegt sich etwas, das wie ein abgerissenes Seegrasblatt aussieht. Es ist eine Seenadel. Ganz langsam bewegt sich der grasgrüne, stricknadeldünne Fisch dahin. Weiterhin zwischen dem Blasentang schwimmt ein bräunlicher, größerer, und allmählich entdecken wir ein ganzes Dutzend der seltsamen Fische zwischen den roten, braunen und grünen Algenbüschen. Auch einige fadendünne Jungaale schlängeln sich am Rande des Tümpels dahin und suchen einen

Ausweg, denn das Brackwasser ist ihnen leid und es drängt sie nach dem Flusse. Sogar eine winzige Scholle ist hier gefangen. Sie hat sich bis auf die Augen eingewühlt und ist kaum sichtbar.

Da wir ganz stillliegen, zeigt sich immer mehr Leben. Flohkrebse schießen zwischen den Algen hin und her, die Dorsche necken sich und die Garnelen wagen sich wieder hervor. Hier vor uns tauchen zwei winzige schwarze Punkte auf, und da und dort ebenfalls. Es sind die Augen eines kaum zollangen, schlanken Krebses, der durchsichtig wie Glas ist, so daß wir ihn nur an den Augen und an dem bräunlichen Darminhalt erkennen. In Menge sind diese Tiere hier in dem Tümpel; aber jetzt, wo der Schatten einer vorüberfliegenden Möwe auf das Wasser fiel, sind sie sämtlich verschwunden, und trotz aller Mühe finden wir keinen von ihnen wieder, bis auf einmal die schwarzen Augen wieder auftauchen und sie uns verraten.

Doch nicht nur im Wasser ist reiches Leben, auch der Sand birgt es, wie die vielen feinen Löcher andeuten, mit denen er gemustert ist. Kleine, schwarze, glatte, halbflügelige Wühlkäfer sind es, die hier wie Maulwürfe graben und den winzigen Fliegenlarven nachstellen, die sich von den faulenden Stoffen nähren, mit denen der Sand durchtränkt ist. Auch ein sonderbarer kleiner, glasheller Krebs, der Meerfloh, lebt unter dem Sande. Wir brauchen nur ein wenig zu scharren, und eine ganze Menge der merkwürdigen Tiere kriecht hervor, hüpft eilig weiter und bohrt sich schnell wieder ein. Und heben wir hier den faulenden Blasentang auf, so finden wir einen Verwandten von ihm, den bräunlichen Strandfloh, der sich mit ängstlichen Sprüngen vor dem Sonnenlichte zu retten sucht.

Winzige Uferkäfer, in schimmerndes Erz gekleidet, rennen über den Sand, und bald hier, bald da blitzt es auf, um sofort wieder zu erlöschen. Das ist der Meerstrandsandläufer, ein wunderschöner, grauer, weißgebänderter Raubkäfer mit blaugrünem, glänzendem Unterleibe, den er jedesmal zeigt, wenn er auffliegt, um Strandfliegen zu fangen, die zu Tausenden hier umherschwirren. Er ist ein reines Sonnentier. Je heißer die Sonne scheint, um so reger ist er. Bei trübem Wetter verliert er, wie die Wasserjungfern, die Flugkraft, verbirgt sich im Gekräut und wartet bessere Tage ab. Ganz sein Gegenteil ist ein Verwandter von ihm, ein platter Laufkäfer von bleichgelber Farbe mit schwarzem Sattel, der sich hier überall unter hohlliegenden Steinen findet, wo er den Tag verbringt, um sich erst in der Nacht hervorzuwagen und auf schlafende Strandfliegen zu jagen.

Wenn die Sonne noch einige Tage scheint, so verdunstet das Wasser auch in diesem Tümpel, er trocknet aus, die Dorschbrut und die Garnelen sterben ab und die anderen zarten Krebse, die Schnecken und Flohkrebse verkriechen sich unter dem Tang und warten, bis der Sturm abermals die

Wellen bis hierher wirft und wiederum, während er totes und sterbendes Getier am Strande aufhäuft, den Fluttümpel mit neuem Leben erfüllt.

Der Windbruch.

Mitten in der Wohld liegt eine weite, breite Lichtung.

Der Sturm hat sie geschaffen. In einer schwarzen Nacht kam er über das Moor gebraust, und als ihm die Wohld im Wege stand, stürzte er sich mitten in sie hinein, schmiß viele Hunderte von Fichten und Föhren durcheinander und verschwand über der Geest.

Viele Wochen lang krachten die Äxte und kreischten die Sägen auf dem Windbruche. Als dann der Frühling kam, wuchs der Holzweg, den die Bauern von dem Hauptgestelle nach der Blöße geschlagen hatten, zu. Zwischen den gewaltigen Wurfböden und um die tiefen Kuhlen, in denen sie gestanden hatten, sproß allerlei Kraut und Gestrüpp, das bisher vor dem Drucke der dichten Kronen nicht hatte aufkommen können, und so manches Getier, dem es dort einst zu dumpf gewesen war, siedelte sich an.

Ein heimlicher Ort ist diese Stelle, eine Welt für sich, fest umschlossen von engverschränktem Gebüsch und dichtgedrängten Bäumen. Üppig sind die Himbeeren aufgeschossen, und frisch wuchert süßer Hornklee. Darum steht der beste Bock in der Jagd mit Vorliebe auf dieser Stelle, sicher vor dem Jägersmann, denn rundumher liegt so viel Geknick und steht so viel Gestrüpp, daß der sich nicht unangemeldet heranpürschen kann.

Die Morgensonne fällt voll auf die Blöße. Die großen Blumen der Schwertlilien in den Kölken leuchten wie goldene Flammen und die zarten Blüten der Wasserfeder, die die dunklen Spiegel mit grünem Rasen bedeckt, schauen ehrfurchtsvoll zu ihnen auf. Ein großer Schillebold mit himmelblau geziertem Leibe schießt in edlem Fluge hin und her. Jedesmal, wenn er eine Wendung macht, knistern seine goldbraunen Flügel.

Oben in den Kronen zirpen die Goldhähnchen. Ein Zaunkönig erhebt ein großes Geschimpfe, denn es paßt ihm nicht, daß die Kreuzotter sich dem Wurfboden nähert, in dessen Wurzelwerk er gebaut hat. Das Rotkehlchen, das nicht weit davon brütet, und die Weidenmeise, die sich in einem faulen Stumpfe ihr Nestloch gezimmert hat, helfen ihm dabei. Dann raschelt es leise in der Dickung, unter dem Spillbaum, vor dem die Schlange sich windet, zuckt ein feuerroter Blitz nach ihrem Kopfe, und dann steht der Waldstorch da, die Otter im Schnabel. Sein blankes Gefieder wirft rote und grüne Lichter von sich. Er sieht sich um, schlägt seine Beute gegen die Erde und schleicht wieder zurück.

Heißer scheint die Sonne. Die Wasserwanzen schießen auf den schwarzen Kölken hin und her und die Frösche, die auf dem hellgrünen Vergißmeinnichtrasen sitzen, melden sich dann und wann. Plötzlich verstummen sie. Ein Häher läßt sich an dem Wasserloche nieder, blickt sich scheu um, trinkt und schwebt davon. Dumpf heult der Hohltäuber, hell ruft der Schwarzspecht, und unaufhörlich erklingt das Geschmetter der Finken und das Getriller der Meisen. Ein Pfauenauge spielt mit seinem Weibchen, ein Zitronenfalter tänzelt um die Faulbaumbüsche, die Luft blitzt von dem Geflitze der Schwebfliegen und ist erfüllt von Hummelgesumme.

Auf dem dunklen Wasser wirbeln silbern blitzende Taumelkäfer lustig umher. Jetzt fahren sie auseinander und tauchen hastig unter, denn ein Schatten fiel über sie. Der Waldwasserläufer ist es, dieses seltsame Urwaldschnepflein. Eilfertig trippelt der düstere Vogel, den lichten Bürzel emporschnellend, an dem Tümpel entlang, hier im saftigen Torfmoose herumstochernd, da ein Würmchen aus dem Wasser fischend und dort eine Mücke von einem Halm schnappend, dabei fortwährend nickend und wippend und gewandt über die Wasserfederpolster rennend.

Jetzt steht er mit schrillem Schrei auf und sofort ist sein Weibchen bei ihm, das in dem vorjährigen Drosselneste in der Fichte brütet. Laut rufend schießen die beiden sonderbaren Vögel über die Blöße hin, ab und zu nach dem Raubwiesel hinunterstoßend, das zwischen dem Gestrüpp hinschlüpft. Nun fängt auch der Zaunkönig an zu schimpfen, das Rotkehlchen warnt, die Amsel zetert, die Braunelle entrüstet sich, die Meisen lärmen, und das dauert so lange, bis der kleine Räuber sich drückt und es still auf dem Windbruche wird. Die beiden Waldwasserläufer aber bleiben noch eine ganze Weile wippend und nickend auf zwei Wurfböden stehen und halten Wacht. Schließlich stiehlt sich das Weibchen wieder zu seinem verborgenen Neste und das Männchen trippelt von neuem an dem Pumpe entlang.

Der Kuckuck läutet. Die Tauben gurren. Vom hohen Himmel ruft der Bussard. Leise bricht es in der Dickung. Unter dem Schneeballbusche tritt der Bock heraus, äugt lange hin und her und äst sich dann an Gras und Klee. Goldfinken locken, ein Buntspecht hämmert. Fern fällt ein Büchsenschuß. Die Hummeln brummen, und die Fliegen summen, das Sonnenlicht spielt auf den blanken Blättern des protzigen Hülsenbusches, und hin und her schießt die große, herrlich gefärbte Wasserjungfer über den Windbruch mitten in der wilden Wohld.

Der Bergteich.

Das Bergstädtchen ist heute ein einziger großer Blumengarten. Überall recken sich die Rispen des weißen und blauen Flieders zwischen dem hellgrünen Gesprieße der Tannen und dem tiefen Kupferrot der Blutbuchen, über jeden Zaun fluten des Goldregens leuchtende Trauben, die Roßkastanien sind überladen mit roten Kerzen, die Waldrebe entfaltet ihre blauen Sterne, der Rotdorn bricht fast unter der Fülle seiner Röschen, und die riesigen Knospen der Pfingstrosen sind aufgesprungen und lassen ihre weißen und roten Blumenblätter leuchten.

Der Himmel, der zwei Tage grau und grämlich war, ist vergißmeinnichtblau geworden, die Sonne, die zwei Tage lang hinter Grauwolken steckte, scheint voll und heiß und lockte Bienen und Fliegen. Der frische, reinliche Ostwind hat den faulen, schmutzigen Westwind abgelöst, er schwenkt die blühenden Büsche und läßt die Falter flattern.

Wo tief zwischen grünen Waldkuppen ein kühles Wasser liegt, dahin zieht es alle Menschen an diesem glühenden Tag, über den Bergbach, dessen wilde Wellen rauschend und brausend, blitzend und blendend über das Wehr springen, den Wiesenpfad über den Berg hinan und hinein in den schattigen Wald, wo von hoher Felsböschung der Ginster seiner goldenen Blumen Fülle nicken läßt.

Am Teich sind alle Tische voll von frohem Volk. In der klaren schönen Flut spiegelt sich der Buchen, Eichen, Fichten und Espen verschiedenfarbiges Grün in wunderbarer Mischung; wo der Wind den Wasserspiegel erreicht, kräuselt sich das Wasser blau und silbern. Von den gelben Rudern spritzen leuchtende Perlen und hinter den Kielen zittern silberne Streifen her.

Rund um den Teich führt ein abwechslungsreicher Weg durch warmes Licht und kalten Schatten, über bunte Wiesen und durch grünen Wald. In den sonnigen Buchten fahren die flinken Ellritzen hin und her, in den tiefen Ecken steht die bunte Forelle. Silberne Wasserjungfern knistern über die schwimmenden Blätter der Wasserhirse, stahlblaue Schwalben huschen über die Flut.

Aus dem Schatten der Buchen, wo einer hohen Kuckucksblume große weiße Blüten schimmern, tritt man auf eine sonnige Wiese, in der eine bunte Blume die andre drängt; da surren langhörnige Käfer, da schwirren glasflüglige Falter, da blitzt und funkelt es von allerlei sonnenfrohem Kleingetier.

Weiterhin in der sumpfigen Schattenecke plätschert das Wasserhühnchen herum, dicht über die schwarzgrüne Flut streicht ein Strandläuferpärchen, mit den langen, schmalen, gebogenen Flügeln fast das Wasser streifend, behäbig quarrt der Teichfrosch, lustig meckert der Laubfrosch und langsam rudert ein Molch zwischen dem Kraut umher.

An einem Wieseneinschnitt, den ein kleines Wasser durchrieselt, ist ein dichtes Beet schneeweißer Dolden. Da schlüpft der Zaunkönig unter den grünen Schirmen der Pestwurz umher, und zwischen den überrieselten Steinen fischt die Bergbachstelze nach Gewürm für ihre Kleinen.

Und dann tritt man in das Gedämmer der Fichten, aus deren Wipfeln das dünne Gepiepe unsichtbarer Goldhähnchen ertönt, und wieder hinaus auf die sonnige Talsperre, mit ihrer Doppelaussicht auf die tiefe Klamm und die weite, grüne, von zwei Silberfäden durchzogene Wiese, und den stillen, grünen, grünumkränzten Teich.

Hinter uns geht die Sonne unter, rote Glut über das dunkle Wasser gießend. Die Drossel singt und der Kuckuck ruft, das Rotkehlchen plaudert und die Frösche quaken, Eintagsfliegen tanzen über dem Wasser in dichten Schwärmen, unbekümmert darum, ob ihr kurzes, auf Stunden bemessenes Leben von den scharfen Zähnen der Fledermaus beendet wird, die zwischen ihnen hin und her huscht, oder von dem Rachen der großen Forellen, die platschend nach ihnen springen, große, goldene Ringe in das tiefe Rot des Wassers malend.

Dann ruft die Eule, ein kühler Wind kommt über die Berge, der Teich verliert den Rosenglanz und die Wälder um ihn ziehen ihr schwarzes Nachtkleid an. Aber der Mond will nicht, daß dem hellen Tag eine dunkle Nacht folgen soll. Groß und rund steigt er über den Berg und wirft eine lange silberne Straße über das Wasser, eine Straße, auf der nur Wesen gehen können, die ohne Leib sind. Aus den schwarzen Buchten tauchen sie auf, aus den schwarzen Winkeln kommen sie hervor, weiße, wesenlose Gestalten, aus dem Nichts entstehend, in das Nichts zerfließend, bis sie vor dem hellen Mondlicht wieder fliehen in ihre schwarzen Buchten und dunklen Winkel, die Nebelelfen.

Die lauten, frohen Menschen sind alle schon fort. Ganz still ist es geworden am Teiche. Eines kleinen Vogels süßperlendes Nachtlied, der Eule tiefer, runder Ruf, eines Fisches Platschen, der Espen Geflüster, alles ist es, was noch laut ist in der Mondnachtstille.

Wir sind auch ganz still. Was sollen Worte hier, wo die Gedanken kaum hineinzuflüstern wagen in die feierliche Stimmung von Wald und Wasser und Mondenschein.

Die Marsch.

Langsam und behäbig fließt der Fluß durch die Marsch. Sein dunkles Wasser glitzert silbern im Sonnenlicht und gibt verzerrte Bilder von den goldenen Kuhblumen und den silbernen Weidenbüschen wieder, die sich in ihm spiegeln.

Ein frischer Hauch bewegt lustig den duftigen, aus unzähligen lichten Schaumkrautblüten gewebten Schleier, der sich über das grasgrüne Land zieht. Zwischen ihnen tanzen zarte Falter hin, deren Schwingenspitzen feurig wie die Morgensonne leuchten.

Hoch oben am bachblumenblauen Himmel spielen fröhlich die Schwalben und kreisen, dunkel eben und jetzt hell aussehend, zwei große Weihen. Unten am Ufer flirren und schwirren um die schimmernden Ellernbüsche zahllose Frühlingsfliegen. Wenn sie sich dem Wasserspiegel nähern, springen ihnen laut schnalzend blinkende Fische entgegen.

Zwei Krähen, blitzblank im Sonnenschein leuchtend, kommen angeflogen. Mit schneidendem Rufe steht ein Kiebitz auf, holt sie ein, stürzt sich auf sie hinab und umfuchtelt sie in regellosem Fluge. Ein zweiter gesellt sich zu ihm, noch einer, ein vierter und immer mehr: wie eine Schar von Gespenstern gaukelt es um die schwarzen Eierdiebe her.

Selbstzufrieden stümpert der schwarzköpfige Rohrammerhahn sein dürftiges Liedchen von der Spitze eines dürren Reethalms. Aus dem Weidicht kommt das Gezirpe der Rohrsänger, ein Gemisch von Froschgequarre und Riedgeruschel. Ein Pieper flattert unbeholfen empor, hölzern klappernd und fällt wie kraftlos in das Gras. Wehmütig piepst die gelbe Bachstelze und fröhlich zwitschernd steigt das Weißkehlchen auf.

In den Uferbuchten prahlen die Frösche; aus dem verworrenen Getöse klingt hier und da und dort das breite Lachen eines alten Vorsängers heraus. Wo einer der Störche, die würdevoll und gemessen, weithin sichtbar, durch das Gras waten, sich naht, endet das Gequarre in einem entsetzten Gepaddel und Geplantsche, bis der schwarzweißrote Schreck weitergestelzt ist, und der Lärm erst schüchtern wieder beginnt, um immer zuversichtlicher und unbekümmerter anzuschwellen.

Das breite, weite, grüne Land ist voll von kleinen Vogelstimmen, und der Himmel darüber tönt von Lerchengetriller und Schwalbengezwitscher. Dennoch steht eine große Ruhe über der grünen, mit silbernen und goldenen Blüten besäten Marsch, eine Ruhe, die der klirrende Ruf der leuchtenden Seeschwalben, der spitze Schrei des dunklen Rohrhuhns eher verstärkt als zerstört, und auch das Jodeln der Wasserläufer und das weithin hörbare Flöten eines Brachvogels geht in ihr schließlich doch unter.

Hinter den Ellernbüschen kommt ein Flug schlanker Vögel angeschwenkt, schlägt Bogen über Bogen, fällt ein, steht auf, läßt sich abermals nieder, nimmt sich wiederum hoch, und verharrt schließlich auf einer höheren Stelle, deren Graswuchs mager und dünn ist. Kampfläufer sind es, schnurrige Gesellen. In anspruchsloses Graubraun sind die Weibchen gekleidet; die Männchen jedoch prunken in schimmernden Rüstungen. Der eine ist dunkelstahlblau an Nackenlatz und Brustschild, der da erzgrün, dieser rostrot, jener weiß, und andere sind weiß- und gelbgefleckt, hell und dunkel gemustert; aber keiner gleicht dem anderen völlig.

Stocksteif stehen sie da, die seltsamen Burschen, ungemein viel Würde entwickelnd. Stochert einer einmal nach einem Würmchen im Rasen, so besinnt er sich doch sofort, daß heute Mensurtag ist, und nimmt schnell wieder Haltung an. Auf einmal stehen sich zwei gegenüber, zittern vor Kampflust, sträuben die Kragen, nehmen Paukstellung an, fahren aufeinander los, rennen sich die Schnäbel gegen Gesicht und Brust, prallen zurück, sausen wieder zusammen und stehen plötzlich mit heruntergelassenen Schilden da, als hätten sie nichts miteinander vorgehabt.

Es ist ja auch nur Bestimmungsmensur, das Gefecht, nicht so schlimm gemeint, wie es aussieht. Der dunkelerzgrüne und der hellkupferrote Hahn treten jetzt an. Hei, wie sie aufeinander losfahren, zurückweichen, Pause machen, hin und her trippeln, einen neuen Gang beginnen, mitten darin abbrechen, wieder zusammenprallen, in die Höhe hüpfen, stürmisch flattern, den Gegner mit Finten aus der Deckung locken und ihm schnell einen Stich versetzen. Dann auf einmal ist der Kampf zu Ende. Die Fechter stehen gleichgültig da, zupfen sich den Paukwichs zurecht, rennen im Grase umher und suchen im Moose nach Käfern.

Fort stiebt die ganze Gesellschaft, Paukanten sowohl wie Corona. Im Zickzack schwenkt der Flug über die nassen, von goldenen Blumen strahlenden Sinken, burrt quer über den Fluß, saust um die Weiden herum und verschwindet in der Ferne, wo die beiden Reiher an dem Ufer stehen. Der Rohrweih, der dort angeschaukelt kommt, hat sie vertrieben. Wo sein Schatten hinfällt, schweigen die Frösche, verstummt der Wiesenschmätzer, bricht der Rohrsänger sein Gezirpe ab. Aber eine Seeschwalbe, wie ein silberner, rotbespitzter Pfeil herunterschießend, vier Kiebitze und zwei Wasserläufer belästigen das braune Gespenst so lange, bis es sich von dannen macht, und sofort fangen die Frösche wieder zu quarren an, Schmätzer und Rohrsänger legen von frischem los, und die Wasserhühner kommen kopfnickend aus dem Ried hervorgerudert.

Über der Kuhle, die ganz von den starren Blättern der Krebsschere erfüllt ist, schweben stumm die Trauerseeschwalben hin und her, dann und wann hinabschießend und eine Beute aufnehmend. In dem dichten Wirrwarr von Rohr und Schilf führt eine Entenmutter ihre wolligen Jungen. Mit schallendem Fluge streichen Stare herbei, fallen im Grase ein, watscheln dort herum und suchen eifrig nach Futter. Über der offenen Blänke flirrt es silbern und spritzt es, als regnete es dort; der Barsch jagt Fischbrut, dicke Blasen steigen auf und zerplatzen seufzend; der Aal wühlt im Schlamme. Trillernd schwirren zierliche Uferläufer vorüber und drei Erpel, die das Segelboot aufstörte, stehen mit Getöse auf und klatschen weiterhin in das Schilf.

Kühler weht es vom Abend her. Die Sonne versinkt. Nebel tauchen auf. Der Heuschreckensänger läßt sein eintöniges Geschwirre erschallen, die Frösche werden lauter. Schon unkt ein Dommelchen in seinem Rohrverstecke, heiser ruft ein Reiher, stolz vor rosenrot glühenden Wolken dahinrudernd, und mehr und mehr erklingt das Gemecker der Himmelsziegen, die pfeilschnell dahinsausen.

Die Ferne versinkt in Nebel, und die Nähe geht im Dunst unter. Hart schnarrt in strengen Pausen der Wachtelkönig, gellend pfeift die Ralle, klagend ruft eine Mooreule. Noch einmal glüht die Sonne auf, ehe sie Abschied nimmt. Das Blaukehlchen vermischt sein Lied mit dem Geruschel des Rohres und dem Gekluckse der Wellen, bis das Plärren der Frösche alle anderen Laute verschlingt und der Nebel alle Farben zudeckt.

Der Haselbusch.

Wo der Wildbach zwischen den zerborstenen, mit lustigen Farnen geschmückten grauen Klippen aus dem Unterwalde herauspoltert, reckt sich ein alter, krummgewachsener Haselbaum über dem krausen Verhaue von Schlehen, Weißdorn, Rosen und Brombeeren. Auf seinem untersten Zweige, der tot und trocken auf das quicklebendige Wasser hinabhängt, sitzt der Eisvogel gern und lauert auf die Ellritzen, die in der flachen Bucht spielen. Schüttelt ein Wind die Äste des Hasels, daß die Käfer und Fliegen, die auf den Blättern sitzen, herabfallen, dann gehen die Forellen, die in dem Kolke hinter der gischtumsprühten Klippe stehen, danach hoch, oder die gelbbäuchige Bergbachstelze, die in der Felsritze unter den Farnwedeln ihr Nest hat, schnappt sie fort, ehe sie in das Wasser fallen, wenn nicht die weißbrüstige Bachamsel, die unter der überhängenden Wand brütet, ihr zuvorkommt.

Den ganzen Tag ist in und um den alten Haselbaum ein lustiges Leben. Bald flattert die Dorngrasmücke aus ihm heraus, zwitschert lustig und schlüpft in den Bergholderbusch neben ihm hinein, bald turnen die Meisen in ihm herum. Dann wartet der Dorndreher dort, bis er einen Käfer eräugt, die Grünfinken oder die Stieglitze lassen sich auf ihm nieder, ein Häher, der aus dem Bache trinken will, sieht sich von da um, und gern treten die Rehe dort hin und her und äsen sich an all den üppigen Kräutern unter ihm.

Abends aber, wenn die Krähen laut quarrend zu Berge fliegen und in dem alten Steinbruche das Käuzchen quiekt, wird ein anderes Leben in dem alten Busche wach. Da, wo der Schlehenbusch sich mit dem Hasel verschlingt und der von der Waldrebe umsponnene Weißdorn sich zwischen beide drängt, rispelt und krispelt es verstohlen. Ein winziger Kobold, mit großen, nachtdunklen Äuglein und langem, gespreiztem Schnurrbärtchen, wohlbepelzt und feingeschwänzt, klettert über den mit goldenen Flechten besetzten Ast des Nußbaumes, putzt sich das rosarote Schnäuzchen, zupft an dem rötlichen, in der Dämmerung schwarz aussehenden Fellchen, knabbert ein Käferchen auf, fängt ein Möttchen, speist ein Räupchen, dreht sich um, setzt sich auf die Keulchen, lockt leise und wartet, bis ein, zwei, drei, vier noch kleinere Gespensterchen hinter ihm herkrabbeln und sich zu ihm gesellen, vier kleinwinzige Haselmäuschen, seine Jungen. Es leckt sie, säubert sie, hilft ihnen über einen dicken Astknorren, weist ihnen die Knospe, in der das Würmchen steckt, bringt ihnen bei, daß das braune Ding, das da an der Rinde klebt, eine schmackhafte Schmetterlingspuppe ist, nimmt ihnen die Angst vor dem heftig schnurrenden Eulenfalter, den es gehascht hat, und die Furcht vor dem Maikäfer, der mit lautem Getöse daherschnurrt und an einem Blatte hängen bleibt, von dem ihn die alte Haselmaus herabreißt.

Knipps knapps, ist der Nacken durchgebissen, ritsch ratsch, sind die Flügel herunter, zwick zwack, die Beine davon, und nun geht das Geknusper und Geknasper los. Das schmeckt lecker, das bekommt gut, das ist besser als im Frühling die Knospen und jungen Triebe und die mageren Würmchen und die alten, muffigen Schlehen und Mehlfäßchen im alten Laube, oder die vorjährige dürre Motte und der halblebendige Käfer oder der ankeimende Grassamen. Nun ist die fette, die schöne Zeit da.

Wenn nur die Angst nicht wäre, die gräßliche Angst! Horch, was war das da unten? Sollte das das Wiesel sein oder der Iltis und am Ende sogar der Fuchs, der Gaudieb? Und was flog dort eben hin? Der Kauz oder nur eine Fledermaus? Wie schön wäre es, könnte man jetzt beim Sternenlichte auf den äußersten Ästen umherturnen oder am Boden zwischen den blanken Efeublättern nach Käfern jagen! Aber da oben ist man vor der Eule nicht sicher und da unten könnte einen das Wiesel haschen. Es ist schon besser, in dem dichten Gewirr der Äste des Hasel, der Schlehen und des Weißdorns zu bleiben, oder in den Ranken der Waldrebe umherzuklettern oder zwischen den zackigen Wildrosenschößlingen, die das Wiesel scheut und wo man vor der Eule sicher ist. Da wimmelt es ja überall von Nachtfaltern, Käfern und Raupen. Ein dicker Schwärmer kommt angesaust. Wupps, hat ihn die alte Haselmaus am Flunk erwischt. Er schnurrt und burrt so gefährlich, daß die vier kleinen Haselmäuse entsetzt auf einen Haufen zusammenkriechen. Doch die Mutter hat ihm schon einen Flügel nach dem anderen abgeknipst, und wenn er auch noch heftig mit den grünen Augen funkelt und wild den bunten Hinterleib bewegt, es hilft ihm alles nichts, vier paar Rosenmäulchen fallen über ihn her und bald ist nichts von ihm übrig, als die dicken Fühler und die dünnen Beine, die in das Gras fallen. Dann schnurrt ein Bockkäfer daher, dem es ebenso geht, und die große grüne Heuschrecke, die auf dem Aste heranstelzt, muß ebenfalls daran glauben.

Aber dann gibt es ein Unglück. Die eine von den kleinen Haselmäusen hat eine dicke fette Raupe gewittert und klettert in demselben Augenblicke hinter ihr her, als ein jäher Windstoß den Zweig heftig anrührt. Sie verliert den Halt, schlägt durch das Laubwerk, plumpst vor die Klippe, wird von dem Strudel gefaßt und in den Kolk getrieben. Dreimal dreht sie sich hilflos um sich selber, und noch einmal, dann aber steigt die dreipfündige Forelle hoch und nimmt sie in die Tiefe mit.

Das Käuzchen vom Steinbruche ruft lauter und schwebt an dem Haselbusche vorüber. Der Nebel wird dicker, die Luft kühlt sich ab. Die Haselmäuse haben sich sattgefressen und sind müde von dem Umherklettern. Die Alte geht voran, ihre drei Kinder folgen ihr. Da, wo am Grunde der Klippe der Hasel mit den Schlehen und dem Weißdorn sich ineinander verfilzt und Gras und Kraut und altes Laub die Lücken füllen, wo sie den Winter verschlafen hat, da hat sie auch ihren Sommerschlupf und dort verschwindet sie mit ihren Jungen, um erst wieder wach zu werden, wenn die Abendsonne den Haselbusch nicht mehr bescheint.

Das Bergmoor.

Menschengesichter gibt es, hinter deren düsteren Augen und verschlossenen Lippen wir ein böses Geheimnis ahnen; wir gehen ihnen aus dem Wege.

Und wieder gibt es Menschengesichter, ernst aber mit Güte in den Augen, mit Lippen, die nicht oft und nicht viel reden, mit Geheimnissen, die aber keinen Hauch von Grausen ausströmen; an solchen Menschen nehmen wir Anteil.

So ist der Brocken. Er hat seine Geheimnisse, aber sie sind nicht schrecklicher Art. Es sind Geheimnisse, wie einsame Menschen von viel Gemüt und gutem Humor sie in sich hegen, Leute, wie Arnold Böcklin und Wilhelm Busch es waren, die der gemeinen Menge als schrullenhafte Sonderlinge gelten.

Wer kennt ihn von den zweimalhunderttausend Leutchen, die alljährlich zu Fuß oder mit dem Wagen oder auf der Eisenbahn auf seinen Gipfel klettern? Nicht Hundert davon sehen mehr von ihm, als die gelben Granitwege zwischen sturmzerfetzten Fichten, als die Aussicht in das bunte Land, als die weißgedeckte Tafel im Unterkunftshause mit ihren Flaschenkübeln.

Auf gebahnten Wegen geht es hinauf, man ißt und trinkt, bewundert die Aussicht oder schimpft, ist sie nicht da, schreibt Ansichtskarten, und dann geht man auf sicheren Steigen hinab in dem stolzen Gefühle, den Brocken kennen gelernt zu haben. Man hat ihn kennen gelernt, wie einen großen Mann, den man im Gehrock und hohem Hute aufsuchte und mit dem man zehn Minuten sprechen durfte.

Und das ist gerade das Reizvolle an dem seltsamen Berge, daß ihn so viele Menschen besuchen, daß aber nur ganz wenige ihn kennen. Ist Pfingsten helles, warmes Wetter, dann kann es sein, daß dort oben zweimal tausend Menschen Mittag essen, daß alle Zuwege bunt von bunten Hüten und hellen Kleidern und laut von Gelächter und Gesang sind; wer aber bescheid weiß, der tritt vom bezeichneten Pfade und ist dann allein, hört und sieht nichts mehr von dem Volke der Ausflügler, braucht keinen Singsang und kein Gejodel mehr auszustehen und sich nicht über Papier, Kartons, Stanniol, Eierschalen und Flaschenscherben zu ärgern, mit denen die Wegeränder verschandelt sind. Frau Einsamkeit sieht ihn mit großen, guten Augen an, hängt sich an seinen Arm und weist ihm die Geheimnisse des Berges, seine großen und kostbaren Schätze, seine kleinen und feinen Sächelchen, an denen er seine Freude hat.

Seitdem die Bahn bis zu seiner Spitze geht, hat er viele von seinen Schätzen beiseite geschafft, denn zu arg wütete das unholde Volk dagegen,

Jetzt grasen die Leute die ganze Kuppe ab, hungrig auf Brockenmyrte, wie sie die zierlich begrünten Ranken der Krähenbeere tauften. Aber sieh dich hier im Moore einmal um! Du gehst nur auf Brockenmyrte, ganze Rasen bildet sie und darüber nicken, rosig und weiß, wie die Gesichter von Elfenkinderchen, die lieblichen Blüten der Rosmarinheide unter den silberweißen Wimpeln des Wollgrases. Nebenan, wo das Torfmoor verdächtig naß aussieht, rankt die zierliche Moosbeere und läßt auf haarfeinen Stielchen ihre entzückenden Blümchen, winzige Abbilder der Türkenbundlilie, erzittern, und daneben steht ein üppiger Strauch der Zwergbirke. Ist es ein Andenken, das der Berg sich aus jener Zeit bewahrte, wo das Inlandeis bis tief nach Norddeutschland hineinreichte und schlitzäugige, schwarzhaarige Jäger dem Mammut Fallgruben bauten und den Moschusochsen vor den Hunden erlegten? Oder haben reisende Vögel aus dem Nordlande die Samen hierher verschleppt? Unter der Kleintierwelt des Berges ist allerlei zu finden, was sonst nur in den Mooren des hohen Nordens oder vor den Gletschern der Hochalpen lebt, ein blankes Käferchen, ein grauer Falter, eine Spinne oder eine Milbe.

Jetzt, wo die Sonne gegen die wilde Trümmerhalde scheint, die das Moor umsäumt, lebt das kleine Leben auf. Da surrt und burrt es tausendfältig um die rötlichgrünen Kugelblüten der Heidelbeeren vor Bienen und Wespen, Fliegen und Hummeln, die Blöcke wimmeln von plumpen Rüsselkäfern, schlanken Schnellkäfern. Auf dem tiefen Tümpel, in dem sich die Äste der Zwergweide ihr goldgrünes Laub spiegeln, huschen Wasserwanzen hin, und am Rande ist ein Gewimmel eben ausgeschlüpfter Larven des Grasfrosches, eine willkommene Beute für die Bergmolche, deren himmelblaue Seiten und feuerrote Bäuche jedesmal aufleuchten, wenn die schlanken Tiere Luft schöpfen. Auf den von Flechten und Moosen buntgesprenkelten grauen Granitblöcken sonnt sich die Waldeidechse und zwischen den Heidelbeersträuchern jagen sich liebestolle Spitzmäuse.

Heute wacht der Berg; gestern schlief er, hatte sich die Nebelkappe über den Kopf gezogen und schnarchte, daß die verwetterten Fichten hin und her schwankten. Kein Käfer kroch, keine Biene flog und kein Vogel sang. Aber heute früh, als der Nebel zerriß und die Sonne den Berg so lange streichelte, bis er ein vergnügtes Gesicht machte, da meldeten sich die Fichtenmeisen überall, der Fink schlug, die Braunelle zwitscherte, Graudrossel und Schnarre flöteten, der Laubvogel sang, und da erhob sich auch der Wiesenpieper, stieg ungeschickt in die Luft und klapperte seinen hölzernen Singsang, und über die Trümmerhalde stieg der Steinschmätzer und quirlte mit viel Geflatter sein Schalksnarrenlied heraus. Dann, auf einmal, wimmelte die Luft von Mauerseglern. Sie brüten dort unten in den Städten und lassen sich hier nicht sehen, wenn der Berg sein Nebelkleid trägt; sobald aber die Sonne auf seine Glatze scheint, sind sie da, kreischen hungrig und erschrecken die

Brockenfahrer, die vom Turme in das leuchtende Land sehen, mit schallendem Schwingenschlage. Sobald aber der Wind kälter pfeift, sind sie verschwunden, wie fortgezaubert.

Denn der Berg hat seine Launen; er lacht gern, aber er hat doch dicht am Wasser gebaut. Außerdem ist er ein Freund von Späßen. Hier ist doch Mai, leuchtender, lachender Mai mit hellgrünen Tannensprossen, jungem Ebereschenlaub, bienenumschwärmtem Heidelbeergekräut, blütenüberdecktem Sauerkleerasen, Falterflug, Käfergeschwirre und Vogelgesang. Dicht daneben ist Winter. Da liegt der Schnee hart und fest zwischen dem wilden Getrümmer, rührt sich noch keine Fichte, haben die Heidelbeeren noch dünne Zweige, fliegt kein Falter, kriecht kein Käfer, und hurtig hüpft der Gletschergast im nassen Moose umher. Daneben aber, wer möchte es glauben, ist Sommer, reichlicher Frühsommer. Die Heidelbeeren sind abgeblüht, der Sauerklee steht in Frucht, die Fichten haben lange Triebe. Noch etwas weiter hin, und der Vorfrühling winkt mit den allerersten Grasspitzchen, winzigen Knöspchen an den Fichtenzweigen und eben sich erschließenden Heidelbeerblüten.

Ach ja, es ist ein sonderbarer Geselle, der Berg. Die Wege und die Bahn hat er sich gefallen lassen müssen und das Gasthaus und die Wetterbeobachtungsstelle; mehr gewährt er aber nicht. Hier starren, von Heidelbeergebüsch, Moos und Farn halb versteckt, gewaltige Mauern, kunstvoll gefugt, und leicht denkt sich der Wanderer eine Raubritterburg in früheren Zeiten hierhin. Aber dem ist nicht so gewesen. Die Räuber, die hier wohnten, hatten vier Beine und hießen Bär, Luchs und Wildkatze, und bis auf die letzte, die unten am Berge noch ihr heimliches Leben führt, sind sie verschwunden, der eine seit zweihundert, der andere seit hundert Jahren, und jenes Gemäuer ist der Rest von Torfarbeiterhäusern und Torfköhlereien. Die Arbeit war zwecklos; der Berg litt es nicht, daß man seine Moore ausbeutete; er wartete, bis die Torfhaufen aufgetürmt waren, und dann weichte er sie so ein, bis sie umfielen. Da gab man es auf.

Auch seine Fichten will er so haben, wie es ihm paßt. Und es paßt ihm nicht, stehen sie in Reihe und Glied, wie die da unten im Forst. Hier und da läßt er sie ja wachsen, aber gar zu keck dürfen sie nicht werden, denn dann ruft er den Wind. Der kommt mit Schnee und Rauhreif, und davon packt er den Bäumen so viel auf, bis sie auf die Knie fallen, und wenn er seinen bösen Tag hat, dann wirft er sie durcheinander, wie Kraut und Rüben, und trampelt mit seinen Nagelschuhen darauf umher, daß sie tausendweise ihr Leben lassen müssen. Und dann kommt das tückische Torfmoos an, reckt sich, streckt sich, quillt und schwillt, überspinnt die toten Stämme, zernagt sie und frißt sie endlich ganz auf, und da, wo einst Fichte bei Fichte stand, in der die Meisen pfiffen, läßt der Wiesenpieper über kahlen Moorflächen sein ödes

Gesinge erschallen, der Birkhahn führt im Frühling seinen Minnetanz dort auf und im Frühherbste schreit hier der edle Hirsch.

Wer aber sieht den Birkhahn tanzen und springen und schaut zu, wenn der Platzhirsch dem Nebenbuhler heiser röhrend entgegenzieht? Wer kennt den einsamen Hasen, der zwischen den Trümmern der Granitkuppe wohnt, die unterirdische Gewalten einst sprengten und deren Reste bis nach Wernigerode und Ilsenburg rollten? Nur wer am Pflanzenwuchse erkennen kann, wo er den Fuß hinsetzen darf, ohne im Torfschlamm zu versinken, sieht das Reh das junge Gras äsen und belauscht den Urhahn, der sich im feinen Steingeröll badet, während die Henne im Heidelbeerbuschwerk ihre Brut den Käferfang lehrt. Er hat seine Nücken und Tücken, der Berg. Lose aufeinander geschichtet ist das wilde Trümmerwerk, und hier ist die Torfdecke fest und sicher; daneben reichen drei Bergstöcke nicht aus, den weichen Schlamm abzuloten. Und darum wird der große Troß der Brockenfahrer niemals das geheime Leben des Brockens kennen lernen, sondern sich an den sicheren Wegen genügen lassen und an der Aussicht und der trefflichen Küche dort oben, und nichts wissen von den geheimen Schönheiten seiner verschwiegenen Moore.

Der Bach.

Die Klippe ist dem Bache ein Ärgernis; seit ewigen Zeiten versperrt sie ihm den Weg.

Wenn seine Wellen, die weiter oben und unten meistenteils gemütlich plaudernd dahinrieseln, bei ihr anlangen, so bekommen sie jedesmal einen Wutanfall.

Dumpfe Verwünschungen murmeln sie und wilde Flüche sprudeln sie heraus, sie schäumen vor Zorn und geifern vor Grimm, und wie Zähneknirschen klingt das Knirren und Knarren des Gerölles, das sie mit sich führen.

Aber oben auf der Klippe inmitten des spritzenden Gischtes sitzt Knickschen und singt sein Lied, singt sein Lied trotz Eis und Schnee, singt ein Stück Frühling in den Winter hinein, ein bißchen Frohsinn durch das Wellengegrolle, ein wenig Liebe über dem Haß zwischen Wasser und Fels.

Keck sitzt es da, die blütenweiße Brust der Sonne zugekehrt, und schwatzt und plaudert halblaut sein schnurriges Liedchen vor sich hin, macht einen Knicks, schnellt das Stummelschwänzchen auf und ab und zwitschert weiter, als wenn keine Eiszacken an den Tagwurzeln der Fichten blitzten und die Jungbuchen keine Schneebälle trügen.

Die Vormittagssonne steht hell am blauen Himmel und bescheint die verschneiten Fichten an der Steilwand, vor der die roten und gelben Kreuzschnäbel, die dort jetzt brüten, mit lauten Lockrufen auf und ab fliegen. Ab und zu rasselt ein Samenzapfen, den sie abbissen, durch das Gezweig und reißt den Schnee herunter, der polternd zu Boden fällt. Die Wasseramsel kümmert sich nicht darum. Aber nun beginnt die kleine Meise, die in den Waldrebenranken umherturnt, heiser zu zetern. Blitzschnell dreht Knickschen sich um sich selbst, schnarrt trocken und schwingt sich nach dem anderen Ufer, denn zwischen den Brombeerstauden schnüffelt, nur einen Fuß von ihm entfernt, das Hermelin umher, und dem ist nicht zu trauen.

Fortwährend schnarrend sitzt die Wasseramsel auf einem angetriebenen Aste, der sich in einer Felsspalte verfangen hat, und macht dem weißen Wiesel einen höhnischen Diener nach dem andern, bis dieses, durch das Zetern der Meisen und das Schimpfen des Zaunkönigs verärgert, unter den Wurzeln verschwindet. Da schnurrt Knickschen wieder auf seine Klippe, bleibt dort einen Augenblick sitzen, späht dann unter sich und stürzt sich kopfüber in das tiefe, grüne Stillwasser zwischen den schäumenden Strudeln.

Mit drei Flügelschlägen schwimmt es dem Flohkrebschen nach, das es erblickte, faßt es, taucht mit ihm vor einem halbüberspülten Steine am Ufer auf und schluckt es hinab.

Sofort ist es wieder in dem strudelnden Seichtwasser zwischen den abgerollten Steinen, rennt hurtig dahin, fischt hier eine Mückenlarve, da einen Wasserkäfer, dort ein Müschelchen, watet bis an die Brust in das ruhige Wasser, stochert mit dem Schnabel zwischen den rötlichen Flutwurzeln der Ellern umher, wo es allerlei kleines Getier erwischt, Köcherfliegenlarven, Wassermilben, Schnecken, schwimmt, wo das Wasser tiefer wird, darin umher, wie eine Ente gründelnd, taucht dann gänzlich unter, rennt auf dem Grunde hin, stöbert dort ein Weilchen umher, erscheint trocken und sauber, als sei das Wasser nicht naß, und so fröhlich, als sei es auch gar nicht kalt, wieder auf einem Steine und singt los, als wären die Ufer voller Blüten und als sprängen an den Büschen die neuen Blätter aus den Knospen.

Den Eisvogel, der wie ein lebendiger Edelstein dahinfunkelt und mit scharfem Schrei das verworrene Gerausche des Baches durchschneidet, würdigt der seltsame Vogel kaum eines Blickes, und auch die beiden gelbbrüstigen Bergbachstelzen aus Nordland, denen der Winter hier mild genug erscheint, und die lustig von Stein zu Stein trippeln, regen sie nicht auf; aber nun schnurrt sie mit kurzen Flügelschlägen bachabwärts und fährt auf eine ihrer Art los, die sich in ihr Gebiet gewagt hat. Bis zu der Mühle treibt sie sie hin, und darüber hinweg, und erst da, wo der Bach breit und behäbig zwischen den Pappeln dahinplätschert, läßt sie ab, nimmt auf einem Blocke Platz und glättet ihr Gefieder, das bei der Balgerei ein wenig in Unordnung kam.

Doch der Tag ist kurz, die Kälte zehrt und die Nahrung ist sparsamer als zur sommerlichen Zeit. Sie erhebt wieder ihr Gefieder, durchfliegt, ohne sich zu besinnen, die brausenden Wassermassen, die über das Wehr stürzen, liest von dem nassen, moosigen Gebälke die Schnecken und Larven ab, stürzt sich in den Kolk, rennt auf dessen Grund umher, sitzt plötzlich wieder zwischen den schäumenden Wellen auf einem angespülten Holzblocke, fliegt zu den Pappeln hin, huscht unter den hohlgewaschenen Wurzeln hin und her, bis des Müllers Katze, die dort angeschlichen kommt, sie vertreibt, und so nimmt sie sich wieder auf und kehrt zu ihrem Lieblingsplatze, der Klippe im Bache zurück, unter der der Strudel all das Gewürm zusammentreibt, das die Wellen auf ihrem Laufe mit sich rissen.

Da treibt sie ihr munteres Wesen den ganzen Tag über, jetzt über die Uferklippen trippelnd, nun in dem niedrigen Wasser watend, auf dem Grunde des Baches einherrennend oder wie ein Fisch seine Flut durchschwimmend, stumm auf einem Stein sitzend, schieben sich die Wolken vor die Sonne, lustig singend, wird der Himmel wieder heiter. Doch wenn es Abend wird, wenn die Mäuse im Fallaube pfeifen und das Käuzchen in den Weiden ruft, dann fliegt Knickschen nach der Mühle hin, stürzt sich in die tosenden Wassermassen, die über das Wehr hinfallen, und birgt sich dort, sicher vor Wiesel und Iltis, in einem Balkenwinkel.

Dort wird sie, wenn die Finken wieder schlagen und die Drosseln pfeifen, und sie sich gepaart hat, auch ihr weiches, warmes, rundes Nest bauen, ihre schneeweißen Eier legen, sie ausbrüten und ihre Brut aufziehen, damit ihr Geschlecht nicht aussterbe, daß sie wintertags, wenn es stille an dem Bache ist, den Menschen mit ihren lustigen Liedern erfreue, unbekümmert darum, daß es rohe Tröpfe darunter gibt, die dem lieben Vogel mit Pulver und Blei nachstellen, weil irgend ein törichter Bücherschreiber ihr nachgesagt hat, daß sie ein böser Feind der Forellenbrut sei.

Zwar ist das nicht an dem, und wenn es so wäre, reichlich machte durch fröhliches Singen und lustiges Benehmen die paar Fischchen Knickschen wieder wett, des Bergbaches reizendster Schmuck.

Der Überhälter.

Nicht weit von dem Waldrande, eingeschlossen von Dickungen und Stangenörtern, steht ein alter Eichbaum.

Mit knorrigen Wurzeln, die wie ein Haufen von Schlangen übereinanderkriechen, hält er sich in der Erde fest. Sein hochschäftiger Stamm trägt eine lange, breite, aber gut verheilte Narbe von der Wunde, die ihm der Blitz schlug, der auch einige der Äste in der krausen Krone tötete, die nun als kahle Hornzacken starr gegen den Himmel stehen.

Einst standen viele solcher Eichen hier; dieses ist die letzte. Sie stand schon, als der Adler hier noch horstete, als der Uhu hier noch jagte, als der Wolf noch aus dem Walde brach und die Schafe riß, als die Wildkatze nächtlicherweile das Unterholz verließ, um auf Raub auszugehen. Hunderte und Hunderte von alten Eichen und knorrigen Hagebuchen standen an Stelle der Fichten- und Rotbuchenörter und boten in ihren Höhlungen Kauz und Hohltaube, Blauracke und Wiedehopf Brutgelegenheiten die Menge. Unter den Eichen stockten Schlehen, Weißdorne und Stachelbeerbüsche und bildeten dichtes Gehege für die Schnepfe, die in dem Dung der Kühe und Schweine, die hier zur Weide getrieben wurden, reiche Nahrung fand.

Es kam eine andere, holzhungerige Zeit. Alle die alten Eichen fielen unter Axt und Säge. Als die Hohltaube, die Blauracke und der Wiedehopf wiederkehrten, fanden sie keine Bruthöhlen mehr und verzogen anderswohin; der Kauz aber paßte sich der neuen Zeit an und bequemte sich dazu, in einem alten Krähenneste zu brüten. Der Waldschnepfe gefiel es dort auch nicht mehr, denn die Dornbüsche wurden ausgerodet, das Vieh ging nicht mehr auf Weide in den Wald, und so blieb auch sie fort.

So war es eine Zeitlang öde und still da. Dann bedeckten sich die Kahlschläge mit Fichten- und Buchenjugenden, es wurden allmählich Stangenörter daraus, und die wuchsen, bis sie zu Altholz wurden, und ein neues Leben webte im Walde. Vielfältig war es zwar, doch nicht so bunt und so reich, wie ehedem. Der Buchfinken und Amseln wurden so viele, wie es einst Dompfaffen und Singdrosseln gab. Statt der Hohltaube rückte die Ringeltaube ein, Krähen ersetzten die Dohlen, die Häher die Racke, der Star den Wiedehopf, der Fasan die Schnepfe.

Auch die letzte alte Eiche, die stehen geblieben war als Wahrbaum für die Landmesser, bekam andere Gäste. Die Zeiten, daß der Adler von ihrem Wipfel aus Umschau hielt und der Uhu in ihrem Geäste den Igel kröpfte, waren schon lange vorbei, desgleichen die Tage, da der Waldstorch sich in ihr einschwang und der Wanderfalk in ihr horstete; sogar der Gabelweih, der einst so gern auf ihren Hornzacken fußte, und der Kolkrabe, der von da aus Wache hielt, blieben mit der Zeit aus, denn die neue Zeit litt nicht mehr, daß sie am Leben blieben.

Immer aber ist sie noch von allen Bäumen im ganzen Forste der, der die meisten Freunde hat, ganz gleich, ob sie in vollem Laube steht oder ihre nackten Äste wie wunderliche Runen gegen Himmel reckt. Der Falke aus Nordland, der vorüberreist, rastet auf ihr, die Krähen aus dem Osten fallen auf ihr ein, wenn sie über das Land ziehen, die Stare pfeifen auf ihren Hornzacken, wenn der Frühling kommt, und wiederum, ehe der Herbst hereinbricht. Sie sucht sich der Schwarzspecht, will er sich ein Weibchen ertrommeln, und der Grünspecht, läßt er sein Werbegejauchze erschallen, in ihrem Geäste halten die Häher Schule ab und auf ihrer Spitze sitzt an schönen, windstillen Mittagen der Pfingstvogel und singt so zart und fein, wie eine Grasmücke.

Alles Geflügel, das in dem Forste sein Unterkommen hat, besucht den alten Baum einmal. Lebt auch das Rotkehlchen im unteren Holze, im Vorfrühlinge schwingt es sich ganz oben in den Überhälter und läßt von da sein silberhelles Lied in die Dämmerung hinunterrieseln. Die Dorngrasmücke, die im Gestrüppe wohnt, und sogar der Zaunkönig, der sonst nur am Boden haust, bekommen auch dann und wann den Einfall, in das krause Geäst zu flattern und von da herab ihre frischen Weisen erklingen zu lassen, und die Amsel sucht sich nicht minder als die Singdrossel den höchsten Ast, singt sie dem einschlafenden Tage das Schlummerlied.

Es vergeht nicht eine Stunde zur Sommerszeit, daß der alte Baum nicht neuen Besuch erhält. War es eben der Trauerfliegenschnäpper, der lustig in ihm sang, so ist es jetzt der Gartenrotschwanz. Eben jubelte der Mönch dort, nun trillert das Müllerchen da. Vorhin rutschte der Baumläufer an dem Stamm entlang; jetzt klettert die Spechtmeise dort umher. Fuhr gestern der Habicht aus dem Laube und schlug die Krähe, so schießt heute der Sperber dort hervor und greift die Amsel. Vor einem Weilchen schmetterte der Schwirrlaubvogel, wo hinterher der Weidenzeisig rief, und ihm folgte der Fitis. Der Hänfling löst den Stieglitz, diesen der Buchfink ab. Dem Goldammer folgt der Feldspatz, und dann sitzt der Kuckuck da, ruft laut und fliegt immer noch rufend in den Stangenort, und wo er saß, läßt sich der Täuber nieder und ruckst. Dann klopft der Buntspecht an einem toten Aste herum, die Kohlmeise kommt und pickt nach Käferlarven, die Blaumeise folgt ihr, und ihr die Sumpfmeise, und schließlich fällt ein Kernbeißer ein, rastet einen Augenblick und fliegt weiter. So geht es den ganzen Tag, und auch bei der Nacht bekommt die Eiche bald von dem Waldkauz, bald von der Ohreule Besuch.

Auch an anderem Leben mangelt es ihr nicht. Tagsüber turnen die Eichkatzen gern in ihr hin und her, und alle paar Nächte erklimmt sie der Marder. Unter ihrem Wurzelwerk wohnt die Waldmaus, und deshalb stöbert das Hermelin dort gern herum. Die Waldeidechsen sonnen sich gern auf den Wurzelknorren, und eine dicke Kröte hat dort ihren Unterschlupf, denn an Nahrung gebricht es ihr hier nie. Zwar an den stolzen Heldenbock, dessen Larven den Stamm kreuz und quer durchlöchert haben, und gar an den wehrhaften Schröter, der so gern an dem gegorenen Saft, der aus dem Rindenrisse quillt, leckt, wagt sie sich nicht, auch nicht an die Trauermäntel und Admirale, die um den Stamm flattern, und noch weniger an die Hornissen und Wespen, die dort ebenfalls umherfliegen, aber die blauen und grauen Schmeißfliegen und das viele andere kleine Volk, das hier schwirrt und flirrt und krimmelt und wimmelt, ist ihr verfallen, sobald es in den Bereich ihrer Klappzunge gerät.

Immer und immer lebt es um den alten Baum. In seinen Rindenritzen birgt sich das Ordensband, an seinem Stamme haften die grünen Wickler, klettern die Puppenräuber, huschen die Mordwespen, und wintertags, wenn die Dämmerung früh in den Wald fällt, ist um seinen Stamm ein wildes Geflatter von bleichen Frostspannermännchen, die auf der Weiberjagd sind. Kommt dann der Morgen, so rücken die Meisen heran, geführt von einem Buntspechte, gefolgt von Goldhähnchen und Baumläufern, und sorgen dafür, daß das Geschmeiß sich nicht so sehr vermehre, daß es im Mai dem Baume alle jungen Blätter nimmt.

Viele tausend Eichen stehen in dem Forst, keine aber ist so alt und so ehrwürdig wie der Überhälter. Doch sein Kern ist rotfaul, sein Stammholz von Larven durchwühlt. Die große Ameise zernagt ihn und Pilze fressen an seinem Marke. Noch einige Jahre oder Jahrzehnte wird er sich halten, mit knorrigen Wurzeln die Erde packen und starre Hornzacken gen Himmel recken. Aber eines Jahres wird der Blitz ihn fällen oder der Sturm ihn zerbrechen, den alten Überhälter, dessen Astrunen so schön von den Tagen sprachen, da noch der Adler hier hauste und der Uhu des Nachts seinen Waidruf erschallen ließ.

Der Feldteich.

Mitten im Felde liegt ein mäßig großer Teich. Eine doppelte Reihe alter, hohler, krummer Kopfweiden faßt ihn auf der einen Seite ein, drei mächtige Schwarzpappeln halten gegenüber Wacht.

Ein Drittel des Teiches ist von Schilf, Kalmus, Schwertlilie, Rohr und Pumpkeule erfüllt, die ein undurchdringliches Dickicht bilden. Vor ihnen bedecken Mummeln und Nixenblumen den Wasserspiegel, desgleichen Laichkraut, Schwimmknöterich und Froschbiß. An einer Stelle erheben sich in Menge die harten, zackigen Blätterbündel der Krebsschere, dunkel gegen den lichten Teppich von Wasserlinsen abstechend.

Allerlei Vogelvolk, das dort reichliche Nahrung findet, bewohnt das Röhricht. Jahr für Jahr bringt ein Stockentenpaar seine Jungen hier aus. Auch die Wasserralle brütet hier, dann noch je ein paar Teichhühner und Zwergtaucher. Ein Rohrammerpaar lebt dort ebenfalls, und vier Arten von den kleinen Rohrsängern, darunter der sonderbare Schwirrl, der wie eine Heuschrecke schwirrt, und ein Pärchen des Drosselrohrsängers, der mit hartem, scharfem, herrischem Rufe alle anderen Stimmen übertönt, sogar das gellende Gemecker der Laubfrösche und das breite Geplärr der Wasserfrösche.

Wenn es Abend wird und die Unken anfangen zu läuten, dann erschallt aus dem Geröhr ein ganz seltsamer Ton. Er ist nicht leise und ist auch nicht laut, und wenn es eben scheint, er käme aus dem Wasser, so klingt es gleich darauf, als ob er aus der Luft ertöne. Ein ganz tiefer, dunkler, unirdischer Laut ist es, unheimlich zugleich und gemütlich dabei, drohend und zärtlich gleicherweise, ein verhaltenes, gedämpftes, halblautes »Uh«, das in streng abgemessenen Pausen hörbar ist.

Von den Pappeln meldet das Käuzchen den Abend an; im Weidicht singt das Blaukehlchen; lauter kiksen die Teichhühner, stärker plärren die Frösche und im Röhricht schnattern und pantschen die Enten. Da ratschelt es im Schilfe, ein sonderbarer Vogel stiehlt sich hervor und schleicht am Rande des Röhrichts schnell und sicher über die Seerosenblätter. Ganz schmal und glatt ist er, und tief gebückt hält er sich. Ab und zu schnellt sich der Hals lang aus den Schultern heraus, und der lange, scharfe, spitze Schnabel schnappt irgend eine Beute aus der Luft oder aus dem Wasser.

Der dumpfe Ton in der Mitte des Dickichts kommt näher und wiederholt sich häufiger. Es rispelt und krispelt in den harten Halmen, und plötzlich schwebt ein Vogel, dem gleichend, der jetzt in dem Schilfe verschwindet, herbei, und taucht ebenfalls dort unter, wo der andere sich verkroch. Dann gibt es ein lautes Rauschen und Rascheln, wilder, öfter ertönt das dunkle »Uh, uh, uh« und jetzt zickzacken die beiden Zwergrohrdommeln über den Teich hin, vorne die Henne, dahinter der Hahn. Mit lautlosem eulenhaftem Fluge schweben sie dahin, jetzt geradeaus und langsam, nun nach rechts und links sich wendend und hastiger rudernd, und dann verschwinden sie mit Geraschel in den Pumpkeulen, um drüben wieder zum Vorschein zu kommen und bald über dem Teiche, bald über der Wiese ihr geisterhaftes Gaukelspiel fortzusetzen, bis sie dessen müde sind und der Hunger sie antreibt, sich mit allerlei Larven, Pferdeegeln, Schnecken und Kaulquappen die Kröpfe zu füllen, und dann, faul und müde, angeklammert an einem Rohrhalm, zu schlafen.

Da hocken sie zwischen den gelben Blättern und sind in ihrer fahlen Farbe fast unsichtbar. Weckt sie ein verdächtiges Geräusch, so machen sie sich ganz lang und dünn und richten die Schnäbel steif in die Höhe, und erst, wenn bei der Suche auf Jungenten der Hund ihnen ganz nahe kommt, schlüpfen sie von Stengel zu Stengel und verbergen sich im dichtesten Röhricht, und es muß schon sehr schlimm kommen, lassen sie sich zum Auffliegen bewegen. Denn als reiner Nachtvogel scheut der Zwergreiher den Flug bei Tage. So spielt sich sein Leben in aller Heimlichkeit ab, und nicht oft kommt es vor, daß der Jäger ihn zu Gesicht bekommt und, verblüfft über den ihm unbekannten Vogel, ihn erlegt und dann nicht weiß, was er aus dem winzigen Reiherchen mit dem Eulengefieder machen soll. Steht er gar an dem Teiche auf streichende Enten an und vernimmt den dumpfen Ruf der Zwergdommel, so sieht er sich die Augen nach dem Tiere aus, das sich so sonderbar verkündet, ohne sich blicken zu lassen, rät auf dieses und das und bleibt so klug, wie zuvor.

Weil der Teich so weit entlegen ist, so kommt der Jäger selten zu ihm, und die Dommelchen fühlen sich so sicher, daß sie schon am Spätnachmittage fischen gehen, zumal wenn sie Junge haben. Da, wo das Röhricht am allerdichtesten ist, steht das wirre, unordentliche Nest auf einer breiten, hohen Riedgrasbülte, gegen den Himmel durch darüber geknickte Stengel gut vor den scharfen Blicken der Rohrweihe verborgen, die fast jeden Tag vorübergaukelt. Merkwürdige Geschöpfe sind die jungen Dommelchen, halb wie Igel, halb wie junge Krokodile aussehend mit den stacheligen Speilen und dem breiten, kurzen Schnabel. Immer haben sie Hunger, fortwährend gieren sie, und die Alten können gar nicht genug Pferdeegel, Kaulquappen, Jungfrösche, Wasserjungferlarven, Schnecken und Gewürm herbeischaffen und ihnen in die Kröpfe hineinwürgen. Das reichliche Futter setzt aber auch gut an. Die Kleinen bekommen jeden Tag dickere Bäuche und längere Schnäbel, die schimmelartigen Daunen fallen aus, die Speile platzen und lassen die Federn hervorbrechen, und bald verlassen die Jungen das Nest und klettern den Eltern entgegen, wenn die mit vollen Kröpfen herangeschlüpft kommen.

Schließlich naht der Abend heran, an dem die junge Brut sich darauf besinnt, daß sie nicht nur Zehen zum Klettern, sondern auch Schwingen zum Fliegen haben, und es beginnt erst ein unbeholfenes Geflatter und Getaumel, bis von Nacht zu Nacht der Flug der Jungen sicherer und länger wird und sie es den Alten gleichtun. Dann aber verlassen sie alle den Teich und ziehen erst zusammen unstet von einem Röhricht zum anderen, um sich schließlich zu teilen und jeder für sich erst langsam, dann eiliger, Nacht für Nacht dem Süden zuzurücken, um dort, entweder in den Schilfbrüchen Südeuropas, oder gar in den Sümpfen Afrikas, den Winter zu verbringen.

Im Frühling aber treibt es sie wieder zurück und aus dem Rohrdickichte des Feldteiches ertönt dann auf das neue ihr dumpfer Ruf, den keiner kennt und den niemand zu deuten weiß.

Der Bergwald.

Zwei Gesichter hat der Berg. Ernst ist sein Südabhang. Kein Ort unterbricht die grüne Gleichförmigkeit seines steilen Hanges. So unnahbar sieht er aus, daß keine der bunten Ortschaften im Auetale es wagte, sich ihm zu nähern: sein ernstes Gesicht jagte sie nach den Weserbergen hin.

Ein ganz anderes Antlitz hat der Berg nach Norden hin; da ist nichts von Unnahbarkeit, von abweisender Schroffheit zu spüren. In langsamen Absätzen steigt er zu Tal und so kletterten die Ansiedlungen hoch an ihm empor, trieben ihre Häuser, Äcker und Felder in seinen Wald und brachten viele Farben in seine grüne Gleichförmigkeit, rote Dächer und weiße Rauchwolken, aus kühn emporstrebenden Schloten hervorquellend, einer regen Industrie fröhliche Banner.

Außer diesen beiden großen Gegensätzen zeigt der Berg aber noch viele anderer Art. Hier, wo die düstere Fichte herrscht, ähnelt er dem Oberharze; nebenan, wo die Buche das große Wort führt, gleicht er den Weserbergen, und weiterhin, da wo Buche und Eiche sich mengen und ein Bach rieselt, erinnert er an die Bergwälder Thüringens. Dann aber wieder tritt die Kiefer auf heidwüchsigen Flächen auf, und wer die Beschaffenheit des Bodens nicht beachtet und die Steine übersieht, der könnte meinen, er sei in einem der hochgelegenen Geestwälder der Lüneburger Heide, vorzüglich im Vorherbste, wenn der Honigbaum blüht.

Aber auch um die jetzige Zeit kann man sich dort in die Heide träumen, weil gerade so wie dort das düstere Gezweig der Kiefern goldene Schossen treibt und über den heidwüchsigen Rodungen die Birke ihr grünes Blättergeflatter bewegt, während rundumher der Baumpieper schmettert, im Dickicht Haubenmeisen zwitschern und kollern, der Laubvogel sein wehmütiges Lied flötet und von der blauen Höhe eine Heidlerche süß singt. Ganz so wie in der fernen Heide blitzen goldgrüne Käfer über die sonnigen Schneisen, tanzen die krausen Schatten der Kiefern auf der weißen Fahrstraße, schweben düstere Falter über das spitze Gras.

Der Eindruck bleibt auch noch im raumen Stangenorte, dessen Boden bunt ist von den hellgrünen Bickbeerensträuchern und dem rostroten Dürrlaube des Adlerfarns. In allen Kronen piepsen unsichtbare Goldhähnchen, überall leuchten die roten Mordwespen, der Wind erfüllt den Wald mit dem behäbigen Gebrumme, wie es nur die Kiefer kann, und die Sonne entlockt ihm den eigenen Duft von Kien und Juchten, den nur der Heidwald ausströmt.

Dann, auf einmal, ist etwas da, was nicht in den Heidwald gehört. Ein großer, rostroter Falter fegt mit wildem Zickzackfluge über das leuchtende

Bickbeergrün, hastet zwischen den rotschimmernden Stämmen hindurch, saust über das schattige Gestell, taumelt an den Birken vorbei und verschwindet dort, wo das lachende Laub einer Buche auftaucht. Denn das ist sein, des Hammerschmieds, Baum; mit den Kiefern und Birken will der seltsame Schmetterling nichts zu tun haben, der auf den Flügeln in blauen Feldern vier weiße Halbkreuze trägt. Die Buche ist sein Baum und wo sie herrscht, da ist seine Heimat. Ihr strebt er zu.

Jäh bricht der Kiefernwald ab und macht dem Buchenwalde Platz. Hier und da hat sich noch eine Kiefer vorgewagt, einige Birken ringen sich zum Lichte, eine Eiche schafft sich mit rücksichtslosen Ästen Raum, aber weiterhin herrscht der grüne Schatten, den nur die Buche gibt, der keiner Blume, es sei denn, daß sie sich von Moder nährt, das Leben gönnt, der alles grüne Leben am Boden in muffigem Fallaube erstickt. Verschwunden sind die frohen Käfer und die lustigen Schmetterlinge, verhallt sind des Piepers und der Goldhähnchen Lieder; eines einzelnen Finken Schlag klingt verloren in der Stille und ein Häherruf unterbricht auf einen Augenblick das schwere Schweigen.

Hart neben dem Buchenwalde erhebt sich wie eine schwarze Mauer das Fichtenaltholz, kalt und tot wie ein Gefängnis. Lautlos treten die Füße über die weichen, braunen Matten des Bodens. Hier und da ist ein heller Fleck, als fiele aus einem Dachfenster ein karges Licht, und läßt ein Büschlein Schattengrases, einen Bickbeerenhorst, eines Farnes frohes Blattwerk weithin wirken. Oder es fällt von obenher ein Vogelruf in das kalte Schweigen oder ein langer blauer Sonnenstrahl überschneidet schräg die düsteren Stämme, bemalt sie mit Gold, macht aus dem toten Zweigwerk ein silbernes Netz und aus dem Bock, der langsam dahinzieht, ein fabelhaftes Wesen von lodernder Glut.

Dort aber, wo das Bächlein sich abhastet, um aus dem Bergwalddunkel in das lachende Land zu kommen, springen die Hainbuchen hinzu und stellen sich rechts und links daneben, damit es sich vor den ernsten Fichten nicht allzusehr grusele. Sie spreizen ihre Zweige weit von sich, damit der Mönch und Zaunkönig etwas Sonne haschen können und nicht ganz ihre kecken Lieder verlernen, und auf daß dort auch allerlei gutes Kraut wachsen könne, damit Has und Reh bei Tage Äsung finden.

Hinter dem Bache, wo die Talwand steil emporstrebt, ist ein wilder Kampf zwischen allen Bäumen, die es im Berge gibt. Da zanken sich Buche und Kiefer um den besten Platz, und während sie streiten, schleicht sich die Birke zwischen sie, und auch die Lärche findet sich ein, bis dann wieder die Eiche hinzutritt und die anderen beiseite schiebt. Und während sich die großen Herren balgen, hat es das kleine Volk gut, und so sprießt Pfeifengras und Adlerfarn, Bickbeere und Eberesche, Heidecker und Siebenstern, weil die uneinigen Bäume ihnen nicht, wie im geschlossenen Bestande, alles Licht und jedes bißchen Luft wegnehmen.

Darum gefällt es der Amsel dort auch so ausnehmend und der Graudrossel nicht minder, Mönch und Zaunkönig und Fink sagt es dort ganz besonders zu und die drei Vettern, der schwirrende Laubvogel des Buchenwaldes, der Weidenlaubvogel aus dem Birkengebüsch und des Kiefernwaldes Fitis finden sich hier zusammen und veranstalten einen ergötzlichen Gesangswettstreit; aber die Finken übertönen sie, des Rotkehlchens silberhelles Lied kommt auch noch voll zur Geltung, von der Blöße her mischt sich die Braunelle ein, der Pieper macht sich kräftig bemerkbar und das Geplauder des Grauhänflings bringt neues Leben hinzu.

Oben auf der Rodung ist eine andere Welt. Die Sonne liegt auf der weiten, ringsum von dunklen Fichten eingefaßten Blöße und es ist still und verlassen dort. Aus himmelhoher Luft kommt eines Seglers spitziger Ruf, irgendwo lockt traurig ein Vogel, ein weißer Schmetterling flattert, wie verängstet, über die Ödnis, und der grüne Buchenhorst sieht aus, als hätte sich Bäumchen an Bäumchen gedrückt, aus Furcht vor der Einsamkeit, die von allen Seiten auf sie eindringt. Unheimlich klingt vom fernen Tann des Taubers dumpfer Ruf.

Doch hinter der blanken Blöße, wo ein Hohlweg den Boden zerschneidet, an dessen Abhängen Farne winken, Silberweiden schimmern und der Bergholder mit lichten Dolden prahlt, oder dort, wo ein Eichenhain mit lustiggrünenden Ästen sich lichtet, und hier, wo die Buchen so weit stehen, daß die Sonne über den Boden Macht hat, oder dort, wo der alte Steinbruch gähnt, und weiterhin, wo fleißige Hände im neuen Bruche schaffen und unfern davon der Wald vor dem Abhange zurückprallt und von grasiger, hellgeblümter Halde der Blick hinunter in das Tal und hinüber zu den Bergketten reicht, da ist trotz aller Bergwaldheimlichkeit Leben, und trotz des Lebens Waldheimlichkeit.

Wenn auch Maschinenwerk knarrt und klappert oder froher Wanderer Stimmen von der Wirtschaft herschallen, ein Viertelstündchen weiter ist wieder die Einsamkeit zu finden mit Wipfelrauschen, Bussardruf und Vogellied, wo nur die reihenweise Gliederung des Waldes, die Wegeführung und die Wagenspur von Menschen und Menschenwerk reden und den Wanderer nicht zu jenem bedrückenden Gefühle der Verlassenheit kommen lassen, das ihn beschleicht, schweift er im pfadlosen Moore oder in der ungeteilten Heide. Er weiß, daß der Weg ihn zu Menschen bringt, ihn zum Abhange des Berges führt, dorthin, wo sich Ort an Ort reiht, an den Südhang oder dahin, wo tief im Tale der Aue die Straße von Dorf zu Dorf geht.

Und so wird der Berg jedem gerecht, der ihn aufsucht. Der menschenmüde Waldfahrer kann stundenlang schweifen ohne gestört zu werden, und der frohe Wanderer kann sich des stillen Waldes freuen, während vom Hange her rote Dächer ihn grüßen und vom Tale aus der Pfiff der Dampfpfeife und das Rollen der Räder ihm meldet, daß ein kurzer Weg ihm wieder Gesellschaft bringe.

Der Eisenbahndamm.

Als häßlicher gelber Wall zog sich anfangs der neue Bahndamm durch das Wiesenland vor der Stadt. Es dauerte aber gar nicht lange, so begrünte er sich, und als der Frühling kam, sah er längst nicht mehr so kahl und so nackt aus.

Der Boden, aus dem er aufgebaut war, und der teils aus den großen Ausschachtungen neben ihm gewonnen, teils von weither angefahren war, enthielt eine Unmenge von Samenkörnern, auch Wurzelstöcke und Knollen, und die keimten oder trieben aus. Die Vögel, die gern auf den Leitungsdrähten sitzen, bringen in ihrem Kote allerlei unverdaute Sämereien dahin, und aus den mit Getreide, Wolle, Häuten und Kohlen beladenen Güterwagen fiel manches Körnlein heraus, wie denn auch der Wind allerlei leichtes Gesäme antrieb.

Kaum ist der März in das Land gekommen, so überziehen sich die kahlen Stellen mit den zierlichen Blütchen des winzigen Hungerblümchens und des Zwergsteinbrechs, das Marienblümchen erhebt seine weißen, der Huflattich seine gelben Sterne. Schießt das Gras höher, ist der Huflattich greis geworden, so strahlen überall die goldenen Sonnen des Löwenzahnes, und Taubnesseln mit roten und weißen Blütenquirlen bilden weithin sichtbare bunte Flecken an den Abhängen. Darüber hinaus ragt der Hahnenfuß, an den Abflüssen wuchert das Schaumkraut und neben ihm später auch hellrote Kuckucksnelke, bräunlicher Ampfer, blauer Beinwell sowie massenhaft die Wucherblume, ganz und gar mit großen weißen Strahlblumen bedeckt.

Ist eine Blumenart abgeblüht, so tritt eine andere an ihre Stelle, um den Bahndamm zu schmücken, bis er im Sommer wie ein künstlich angelegtes Blumenbeet aussieht. Labkräuter verhüllen ganze Flächen mit weißen und gelben Blütenschleiern, die Hauhechel schmückt sich rosenrot, bis zur Manneshöhe reckt sich weißer und gelber Steinklee, die wilde Reseda bildet ganze Bestände, blau schimmert der rauhe Natterwurz, und die stolze Nachtkerze, eine echte Eisenbahnpflanze, die aus Amerika kam, wie der unscheinbare, aber in Unzahl auftretende Kuhschwanz, sucht mit ihren großen, hellgelben Blumen die heimische Königskerze um ihr Ansehen zu bringen.

Dann sind Stellen da, ganz rosenrot von Weidenröschen, blau von Kornblumen und Rittersporn, feuerrot von Feldmohn, weiß von Hundskamille und strahlend gelb von Färberkamille. Rote Flockblumen und weiße Schafgarben bringen wieder andere Töne in die Farbenpracht, die Rasen des blühenden Quendels oder die goldgelb besternten Polster der Fetthenne. Darüber nicken hohe Gräser, erheben stolze Disteln ihre purpurnen Köpfe, reckt protzig der Rainfarn seine flammenden Dolden und der Riesenampfer seine mächtigen braunen Rispen über all dem unscheinbaren Gekräut und Graswerk, das den Boden überzieht: Melde und Knöterich, Gundermann und Hirtentäschel, Schachtelhalm und Wegerich und allerlei Kleearten, wilden und zahmen, und den Moosrosen, die alle feuchten Stellen überziehen.

Die vielerlei Pflanzen bieten allerlei kleinem Getier Nahrung und Obdach. Es krimmelt und wimmelt am Boden von Käfern, Ameisen, Spinnen, Heuhüpfern und Wanzen; es summt und brummt von Fliegen, Bienen, Wespen und Hummeln um die bunten Blumen. Und es flittert und flattert von Füchsen, Pfauenaugen, Schwalbenschwänzen, Weißlingen, und dazwischen huschen blitzschnell die glühäugigen, mit prachtvollen Metallflecken geschmückten Eulenfalter umher, oder ein Karpfenrögelchen saust reißenden Fluges dahin. Wenn aber ein Zug über die Geleise donnert, flattern Tausende von kleinen, bleichen Motten aus dem Grase heraus, werden von dem Luftzuge mitgerissen und hin und her gewirbelt und fallen schließlich wieder in das Gekräut zurück, wo Raubkäfer und Laufspinnen über sie herfallen oder einer der Vögel sie aufschnappt, die sich dort aufhalten.

Nicht wenige Vögel sind es, die dort ständig wohnen, denn da der Bahndamm mit einer Hecke und einem Drahtgitter umsäumt ist, so haben sie Ruhe vor den Menschen. Der erste Vogel, der sich ansiedelte, als Schwellen und Schienen lagen, die Blockstellen gebaut waren und die Arbeiter abzogen, war die Haubenlerche. Erst war es ein Pärchen; jetzt sind es viele, die sich die Strecke geteilt haben. Ehe die Bahn gebaut wurde, kam die Haubenlerche in dem Wiesenlande nur da vor, wo die Landstraße es berührte. Sie will trockenen, festen Boden haben, und so kam ihr die Bahnanlage wie gewünscht. Sie lebt fast nur auf dem Damm. Den ganzen Tag rennt sie zwischen den Geleisen umher und sucht nach Körnern und Gewürm. Ihr Nest hat sie in die Lücke unter einer Schwelle zwischen struppige Meldebüsche gebaut, und sie bleibt ruhig auf den Eiern sitzen, wenn ein Zug über ihr hinwegrattert. Selbst im Winter bleibt sie dem Bahndamm treu.

Das tut der Rotschwanz nicht, obgleich er sich ganz an die Bahn gewöhnt hat, dieser Klippenvogel aus dem Süden. Er hat sein Nest in der oberen Blockstelle über dem Ausguck des Wärters, der gut Freund mit ihm ist und an regnerischen Tagen, wenn die Fliegen sich verkriechen, die Bäume in dem Gärtchen schüttelt, um den Rotschwänzen das Leben leichter zu machen. Sofort sind die Vögelchen da, umflattern, ohne sich vor dem Manne zu scheuen, die Zweige und haschen die Kerfe, die herausfliegen. Auf der untern Blockstelle hat ein weißes Bachstelzenpaar Wohnung gefunden, das sich mit dem Wärter ebensogut steht und ruhig seine Jungen füttert, wenn er am

Fenster steht und sein Gesicht dicht bei dem Neste hat. Ab und zu kommen die Rotschwänze oder die Bachstelzen, die weiter an der Strecke brüten, zu Besuch, und dann gibt es ein heftiges Gekrätsche und wildes Gejage, bis die Eindringlinge abziehen, denn jedes Paar duldet keinen seiner Art in seinem Gebiete.

Wenn aber die gelbe Kuhstelze, die unten an dem Damme brütet und meist auf der Wiese lebt, sich auf dem Geleise zeigt, so kümmern sich die Bachstelzen um sie ebensowenig wie um die Goldammer, die ihr Nest unter dem Brombeerbusche hat und sich auch auf das Geleise traut und nach Körnchen sucht. Auch die Dorngrasmücke und der Hänfling, die in der Hecke wohnen, bleiben unbehelligt, desgleichen der Grünfink und die Grauammer, die irgendwo in der Nähe ihre Nester haben und sich gern auf den Leitungsdrähten niederlassen. Hier ruhen sich mit Vorliebe auch Spatzen, Schwalben und Stare aus und häufig auch der schmucke Steinschmätzer. Auch der ist erst hier eingezogen, als die Bahn angelegt wurde, denn so sehr sein Vetter, der niedliche Wiesenschmätzer, die Wiese liebt, so zieht er den kahlen Boden vor. Während sein Weibchen in der Steinritze über der Landstraßenüberführung auf den Eiern sitzt, rennt er hurtig und viel knicksend über die Schwellen, und wenn er recht guter Laune ist, steigt er seltsam flatternd in die Luft und schwatzt im Fliegen auf sonderbare Art.

Wenn von all den bunten Blüten am Bahndamme nur noch einzelne Flockblumen und der Rainfarn blühen, wenn die Schwalben sich auf den Leitungsdrähten zur Reise sammeln, dann zieht der Steinschmätzer fort, die Bachstelze folgt ihm und schließlich verschwindet auch der Rotschwanz, und von all den Vögeln, die in der schönen Zeit auf dem Bahndamme lebten, bleibt nur die Haubenlerche zurück, trippelt zwischen den Geleisen umher und ruft ab und zu wehmütig. Aber Tag für Tag kommen Scharen von Ammern, Hänflingen, Grünfinken, Stieglitzen und Spatzen angeschwirrt und lassen sich dort nieder, denn den ganzen Winter über bieten ihnen der Damm und seine Abhänge reiche Nahrung durch die Samen der Unkräuter und die vielen Körner, die aus den Güterwagen herausfallen, und die Abfälle, die die Reisenden aus den Fenstern werfen.

Und wenn eine dicke Schneedecke die Felder und Wiesen verhüllt, so fristet der Bahndamm manchem Vögelchen, das sonst Not leiden würde, das Leben und hilft ihm über die schwere Zeit hinfort.

Das Brandmoor.

Hohe alte Birken begleiten die feste Straße, die durch das Dorf führt; ihre dünnen, lang herabhängenden Zweige pendeln im lauen Winde langsam hin und her.

Nördlich des Doppeldorfes endet die feste Straße, hören die alten Birken auf. Der Knüppeldamm beginnt; jüngere Birken mit krausen Kronen besäumen ihn. Die Torfschuppen, die Häuser, die Gemüsegärten, die Kleewiesen bleiben zurück; das Moor allein herrscht noch. Weit und breit liegt es da, zur linken Hand von Wald begrenzt, rechter Hand von der hohen Geest umschlossen.

Gewaltige Torfmieten, hier von hellbraunem Neutorf, dort von dunklem Alttorf gebildet, erheben sich rechts und links von dem mit graubraunem Staub bedeckten Damm, den ein schmaler Strich blühenden Heidkrauts einfaßt. Hier und da starren Haufen von ausgegrabenem Wurzelwerk, Reste eines alten Waldes, der vor Jahrhunderten von dem Torfmoose aufgesaugt wurde. In den abgebauten Abstichen wuchern Binsen und Rischbülten; zwischen ihnen stockt junger Birkenaufwuchs.

Es ist stiller im Moore geworden. Die Hunderte von fremden Arbeitern, die noch vor kurzem hier schafften, sind in ihre Heimat gezogen. Nur dort und da sieht man noch die weißen Hemdsmaugen und die hellen Fluckerhüte einheimischer Torfarbeiter aufleuchten. Die Bienen läuten, die Moormännchen zirpen, die Hänflinge schwatzen, die Heuschrecken geigen, und zwitschernd schießen die Schwalben in lockeren Verbänden über den weiten, breiten, von den blühenden Moorhalmen bräunlich gefärbten Plan.

Immer noch begleitet fertiger Torf, geringelt oder aufgemietet, den Damm. Hinter dem allerletzten Hause, neben dem hohe Sonnenblumen eine fremde Farbe in das Land bringen, hört er dann auf. Noch einige Kleewiesen grünen, eine Roggenstoppel schimmert goldig, reifender Buchweizen schiebt sich bis an den Weg, durchsetzt mit den hohen, rosenroten Blütenrispen des Weidenröschens, und dann ist hier nichts als Moorhalm und Moorhalm und Moorhalm, dichtstehend, als habe Menschenhand ihn gesät.

Braune Lieschgrasfalter tanzen über den Weg, Trauermäntel spielen um die Stämme der Birken, Libellen flirren dahin, Sandkäfer blitzen auf. Stumm flattert ein bräunlicher Vogel von dem alten Wurzelknorren davon; der Steinschmätzer ist es, silbern leuchtet sein Schwanzgrund. Über dem alten Abstiche rüttelt der Turmfalk, auf eine Maus lauernd. In der Ferne schaukelt eine helle Weihe langsam dahin.

Die braunen Moorhalme machen der rosenroten Heide Platz. Stärker wird das Geläute der Bienen. Überall flattern winzige blaue und ab und zu auch ein goldroter Falter. Rundherum geigen die Grillen, zirpen die Moormännchen. Dann und wann flattert ein weißer Schmetterling dahin. Der Schrei einer dahinstreichenden Krähe sticht hart ab von den vielen kleinen, zu einer großen eintönigen Weise verbundenen Stimmen.

Zur Linken, wo der Handweiser steht, führt ein Querdamm. Hinter ihm ist die ganze Fläche von einem einzigen, grellleuchtenden Rosenschein erfüllt. So rot blüht die Heide nicht, und so hoch bollwerkt sie nicht. Weidenröschen sind es, Millionen, die das Moor bedecken und in Zauberfarben hüllen. Es sieht aus als wäre das Morgenrot auf den Boden gefallen und dort liegengeblieben. Ein einziges himbeerrotes Blumenbeet ist die weite Fläche.

Denn da war im vorigen Jahre der große Brand, der von Pfingsten bis in den Winter hinein währte. Dreihundert Morgen Moor verkohlten bis auf den Sandgrund. Alle Arbeit war vergebens; es währte weiter, brannte noch unter dem ersten Schnee langsam fort. Die Menschen konnten nur dafür sorgen, daß das Feuer den Damm nicht übersprang; dann wäre bei der Trockenheit das gesamte Moor ausgebrannt, und aus wäre es gewesen mit der blühenden Torfindustrie in der ganzen Gegend.

Endlich erstickten Regen, Schnee und Frost den Brand, der ein halbes Jahr gewütet hatte. Auf die schwarze Torfkohle und die gelbe Asche flogen, vom Winde getrieben, die wolligen Samen des Weidenröschens von allen Seiten, klebten dort fest und warteten, bis es Frühling wurde. Dann keimten sie und bedeckten den schwarzen, gelbgefleckten Brandplan mit frischem Grün. Als es dann Sommer war, sprossen daraus lange Rispen, ganz mit rosigen Knospen bedeckt. Die sprangen dann auf und da, wo es im Jahre vorher rot flackerte und weiß qualmte und dann schwarz starrte, blüht und glüht und leuchtet es nun von morgenrotfarbigen Blumen.

Wunderschön sieht das aus, doch der Bauer, der uns begegnet, blickt mit bösen Augen danach hin. Milliarden von weißflockigen Samenkörnchen wird der Herbstwind über das Moor führen und da abladen, wo später Hafer und Buchweizen wachsen soll; das wird ein schlimmes Dreschen werden, wenn sich die Samenwolle in das Getriebe der Maschinen setzt und ihr Staub die Lungen der Menschen erfüllt, daß sie vor Atemnot bei der Arbeit umfallen. Schon hat hier und da eine Staude die roten Blumen in weiße Flocken verwandelt, dort hinten sieht eine ganze Fläche aus, als läge Schnee darauf, und bald wird das ganze weite, breite, rosige Blumengefilde ein weißes Feld sein, und hinterher wird ringsherum das Moor silbern schimmern von den verwehten Samenfederchen.

Noch aber blüht es in rosiger Pracht über der schwarzen, von Algenanflug und Jungmoos seltsam und unheimlich gefärbten Fläche. Gespenstig starrt dort ein hoher, verkohlter Baumstrunk in die Luft, von dem der Raubwürger

Umschau hält und mit klirrendem Warnruf weiterstreicht, wie wir ihm uns nähern. Das aber, was da schwarz und steif wie ein verbrannter Stamm das große rosige Blumenbeet überschneidet, ist der Schäfer, der da, auf seinen Stab gelehnt, steht und strickt. Neben ihm liegt sein gelber Hund und die Schnucken weiden die junge Heide ab, die zwischen den verkohlten Stengeln ausgeschlagen ist.

Schlimm hat das Feuer gewütet. Der Damm ist bestreut mit armdicken, verkohlten Knüppeln, den Resten der in langer Arbeit hergestellten Befestigung der Moorstraße. Daneben steht ein verkohlter Stuken bei dem andern. Bis auf den Sand, auf dem der von dem Torfmoose begrabene Wald stand, ist der Torf ausgebrannt, so daß die Sümpfe nach jahrhundertelanger Verborgenheit wieder zutage traten. Drei Jahrzehnte wird es dauern, ehe hier wieder abbaufähiger Torf gewachsen ist. Der zarte grüne Anflug, der den schwarzen Grus und die gelbe Asche überzieht, ist der Anfang dazu. In einigen Jahren werden hier zwischen den Binsen und dem Wollgrase die hellen Torfmoospolster schwellen, nach unten absterben, nach oben weiterwachsen, und langsam zu einem einzigen großen, nassen Kissen zusammenquellen.

Hier in den alten Abstichen wächst der Torf schon wieder. In dem einen schwimmen, von den goldgelben Lippenblüten des Wasserschlauchs überragt, dichte Torfmoosballen. Der andere daneben ist ganz ausgefüllt von den saftiggrünen Blättern und den breiten weißen Löffelblumen des Schweineohrs. Was vermodert und zu Boden sinkt, wird erst Schlamm und dann Torf, und darauf wächst das Torfmoos, bis es den Rand des Kolkes erreicht hat, über ihn hinausquillt und immer höher wächst, die Binsen und das Risch an seinen Ufern überwuchert und höher und weiter wächst, und sich mit den benachbarten Torfmoospolstern vereinigt. Wo man jetzt trockenen Fußes geht, da wird es dann feucht und unwegsam, und je höher das Moor wächst, um so nasser und tiefer wird es werden. Da, wo jetzt das goldrot in der Sonne leuchtende Reh durch die rosenroten Blumen zieht, wird der Brachvogel stelzen und die Heerschnepfe brüten, und wo sich jetzt in dem Brandgrus das Birkwild badet, wird die Ente einfallen und im Mai wird dort, wo heute eine rote Rispe neben der anderen steht, das Wollgras das Moor mit dichten weißen Flocken bedecken, daß es wie überschneit aussieht.

Dann, nach Jahrzehnten, wird der Torf wieder reif sein, und die Bauern werden ihn stechen, ringeln, in Mieten häufen und, wenn es dürr genug ist, einfahren, wenn nicht, wie im letzten Sommer, wieder Feuer auskommt und alles hier eine rote Glut unter dem Boden und ein weißer Rauch über ihm ist, denn ein brennend fortgeworfenes Streichholz genügt schon, um das trockene Gras zum Brennen und das Moor zum Glimmen zu bringen. Unter dem Heidkraut glüht der Brand dann in aller Heimlichkeit weiter, frißt und frißt und wächst und wächst, bis er so groß ist, daß an kein Löschen mehr zu denken ist und dem Menschen nichts mehr übrigbleibt als dafür zu sorgen, daß es nicht das meilenbreite Moor verzehrt.

Die Strahlen der Abendsonne fallen auf das große Blumenbeet; herrlicher als zuvor prangt es, und glüht und leuchtet und verschwimmt, als wolle es sich von dem Boden losreißen, gen Himmel steigen und als Abendröte mit den Wolken verschmelzen. Und dabei ist es ein rosenrotes Leichentuch, das die Stätte bedeckt, wo die Birkhenne auf dem Nest verbrannte und das Rehkitz in die unterirdische Glut fiel und verkohlte, und um das herum die Bauern standen mit schwarzen, von Schweiß mit Striemen durchzogenen Gesichtern und rußigen Händen, mit bitteren Mienen in den Rauch starrten, aufseufzten und dann wieder darangingen, dem Brande zu wehren, damit er nicht weiterfräße und über das Jahr, soweit man sehen kann, alles ein einziges, wunderbares, rosenrotes Leichentuch sei.

Der Quellbrink.

Oben auf dem Kopfe des Heidberges herrschen Magerkeit und Dürre.

Zwei alte, hohe, krummgewachsene Föhren stehen dort, ein halbes Dutzend schiefer Birken und eine Menge spitzer oder krauser, alter und junger Machandeln.

Wo nicht der gelbe, an buntem Geschiebe überreiche Sand zutage tritt, bedeckt der Schafschwingel mit bläulichgrünen Borsten den Boden oder andere büschelige Gräser, brechdürres silbergraues Renntiermoos und sparsam blühendes, von den Schnucken niedriggehaltenes Heidkraut.

Selbst wenn es tagelang geregnet hat und der Wind streicht hinterher nur einige Stunden über den Heidberg, sieht es da so dürr und so trocken aus wie vordem. Doch die kräftigen Eichen, die beiden mächtigen Buchen und die stattlichen Fichten, die den an der Flanke des Hügels gelegenen alten Schafkoben beschützen, beweisen, daß der Berg nicht so wasserarm ist, wie es den Anschein hat, und einige hundert Schritte davon sieht es schon anders aus.

Da ist die Heide kniehoch und mit Doppheide gemischt, und zwischen den runden Bülten zeigen sich kleinere und größere, nackte, schmierige Flächen schwarzbraunen Moorbodens. Stellenweise macht die Heide dem Wollgrase und dem Moorhalme Platz, ist immer mehr mit Torfmoos durchflochten, wird immer nasser, bis sie schließlich hinter den hohen Wacholdern, krummen Birken und krüppelhaften Föhren zu einem einzigen großen Quellbrinke wird, auf dem es überall quillt und träufelt und rieselt und fließt von dem klarsten Wasser.

Hier steht eine alte, windschiefe Eiche mit wunderlich gebogenem Gezweige. Unter ihren seltsam gestalteten knorrigen, dicht mit den Wedeln des Engelsüß bedeckten Tagwurzeln trieft und tröpfelt es unablässig und bildet einen schmalen Wasserfaden, der sich hier mit einem anderen vereinigt, der zwischen einem hohen, ulkig geformten Machandel und einer putzigen, krummen Fichte hervorkommt, und der bei der alten, dicken, wie eine riesige Harfe aussehenden Hängebirke zwei andere aufnimmt und mit ihnen zusammen einen kleinen, tief in das Torfmoos eingeschnittenen, vielfach gekrümmten Wasserlauf bildet, der in einem Quellbecken mit schöngeschwungener Borde endigt.

So klein dieser Tümpel ist, so reizend ist er. An dem einen Ufer faßt ihn hellgrünes, an dem anderen goldgelbes, blutrot gemustertes Torfmoos ein. Seine Ränder sind ganz dicht mit den lichtgrünen spitzen Blättern des Beinheils besäumt, das mit grünlichgelben, kupferrot angelaufenen Fruchtrispen geschmückt ist. Die Einschnitte des Beckens, die von den eindringenden Wasserfäden gebildet sind, füllen die purpurnen, silbern glitzernden Blattbüschel des großen Sonnentaues aus. Auf dem weißen Sande, der den Boden des Beckens bildet und in dem es an einigen Stellen fortwährend quillt und wühlt, schlängeln sich wie große Würmer die schwarzgrünen oder rostroten Ranken des Quellmooses.

In der Mitte des Quellkumpes hat sich aus dem Stumpfe einer alten Eiche eine hohe, runde, aus blutrotem, am Rande goldgrünem und gelbem Torfmoose gewachsene Insel gebildet, in deren Mitte ein hoher, spitzer Fubusch wächst, dessen harte, dornige Blätter das Sonnenlicht in silbernen Blitzen zurückgeben. Das Torfmooskissen unter ihm ist von der Moosbeere durchflochten, aus deren zierlichem Laube die roten Beeren hervorfunkeln. Hohe, bleiche Simsen mit silberigen Blüten heben sich von dem starren Blattwerke des stolzen Strauches wirksam ab und ein großer Fliegenpilz lodert davor, wie eine glühende Flamme.

Alte Machandeln umgeben im Kreise die Quelle, als hüteten sie ein Geheimnis. Einige davon bestehen aus einem einzigen Stamme, der in einem spitzen Wipfel oder in eine runde Krone ausläuft, andere sind aus vielen, auf gespenstige Weise verreckten Stämmen gebildet, oder auf putzige Art verbogen und in ulkiger Weise gestaltet. Zwischen ihnen wuchert das Torfmoos in fußhohen, nassen Polstern, von der Doppheide überragt, die dort, wo es trockener ist, der Sandheide Platz machen muß, die sich hier zu drei Fuß hohen Sträuchern entwickelt hat, um deren reiche Blütenfülle es von Bienen summt und brummt, zwischen denen hier und da ein zierlicher blauer Falter flattert.

Aus der Quelle quält sich ein schmales Wässerchen unter dem Mooskissen her, bekommt von allen Seiten Zulauf und bildet bald darauf wieder ein Becken, in dessen Sandgrunde es heftig wogt und wirbelt und dessen bleichgelbe und blutrot gesprenkelte Moosufer von zwei herrlichen großen Königsfarnen beschattet werden, zwischen denen sich ein putzwunderlich gewachsener Schneeballstrauch mit rot angelaufenen Blättern und scharlachfarbigen Beeren hervorwindet, und unter ihm ein Faulbaumbusch, ganz und gar mit schwarzen blanken Früchten behangen. Vor dem Abflusse dieses Beckens wuchert die zierliche Krötenbinse und bildet ein kleines, tief blutrotes Beet auf dem nassen Sande, und mitten zwischen ihr sitzt ein knallgrüner Laubfrosch und meckert lustig, während über dem Tümpel eine große, himmelblaue Wasserjungfer auf und ab schießt und bei jeder Wendung mit den goldbraunen Flügeln laut knistert.

Unter diesem Becken steigt der Boden an, so daß das Wasser seitabwärts sich seinen Weg suchen muß. Nach der einen Seite müht es sich durch ein verworrenes Machandeldickicht hin, um, sobald die Büsche ihm Raum lassen, einen winzigen Teich mit steilen Mooswänden zu bilden, der noch von vier Seiten Zufluß bekommt. Zwischen den beiden oberen Rinnsalen liegt ein mächtiger Findelstein aus weißlichem Granit, hinter dem sich ein alter, vielverästelter Rosenbusch hervorreckt, der so dicht mit dicken scharlachroten Früchten bedeckt ist, daß das Blattwerk dazwischen fast verschwindet, und unter dem Steine sprießen die hellgrünen Wedel eines zierlichen Farns aus dem blutroten fußhohen Moospolster hervor, auf dem ein grellgestreifter Moorfrosch hockt, der ab und zu die rote Zunge nach einer Mücke oder Fliege vorschnellt, blitzschnell sich dabei umdrehend. Da diese Quelle in der vollen Sonne liegt, flirrt und flattert es von vielen goldenen und roten Schillebolden über ihrem Spiegel, der rundherum unter dem Moose von den schirmförmigen runden Blättern des Wassernabels umschlossen wird.

Der andere Wasserlauf, der aus dem oberen Becken hervortritt und sich dann im tiefen Moose verläuft, hat einstmals auch einen offenen Pump gebildet; da er aber ganz von Weidengebüsch umschlossen ist, so wuchs einmal das Moos so üppig, daß es ihn bis auf ein tiefes Wasserloch zudeckte, und dann siedelte sich das Schweineohr in ihm an und wucherte so stark, daß es ihn ganz ausfüllte, so daß nichts mehr von ihm zu sehen ist, sondern er gänzlich verschwunden ist unter dem hohen und dichten Gewirre von dicken, fleischigen Stengeln, breiten, saftigen Blättern und großen, weißen Blüten, von denen manche schon zu dicken Fruchtkolben geworden sind, deren feuerrote Giftfarbe seltsam von dem Untergrunde absticht. In diesem feuchten, kühlen Grunde lagert sich das Birkwild gern, wenn es gar zu heiß ist, und äst sich an den Früchten der Moosbeere, die die nassen Polster unter den Weidenbüschen dicht berankt hat.

Rund um das Buschwerk ist der Boden mit fußhohem Moose, Wollgras und Farnkraut bedeckt, und ist selbst im heißesten Sommer immer naß. Dann hebt er sich zu einer dicht mit Machandeln bestockten, heidwüchsigen Sandwelle, aus deren anderer Seite ein halbes Dutzend Wässerchen herausquellen, die ein weites, offenes und tiefes Becken bilden, das von der Höhe her noch drei Zuflüsse bekommt. Die Ufer dieses Pumpes sind stellenweise recht steil und tief eingeschnitten. Auf den moosigen Landzungen recken stolze Farnen ihre Wedeltrichter und in den oberen Buchten wuchern Beinheil und Sonnentau, in den unteren ein hellgrünes Laichkraut, das sich mühsam aus dem angespülten Sande hervorarbeiten muß. Am Kopfe des Beckens steht eine junge, krumme, von einem alten Gaisblattbusche halb erdrosselte Eiche, die eine Unmenge wachsgelb und hellrot gemusterter Blumenbüschel trägt, zwischen denen die Beeren wie Rubine funkeln. In dem Gewirre des Busches hat der Hänfling sein Nest, der auf dem Gipfel des hohen, spitzen Machandels, der gegenüber der Eiche auf der anderen Seite der Quelle steht, lustig schwatzt, aber nun dem Raubwürger Platz machen muß, der von da aus auf eine Maus lauert.

Die Abflüsse dieses Beckens rinnen um drei schlanke Birken her, bilden zwischen einem halben Hundert alter Machandeln ein kleines Moor, das von der Sandheide rosenrot gefärbt und von den dürren Blüten der Doppheide rostrot gesprenkelt ist, und treten dann wieder in allerlei von Porstbüschen, Weiden und Brombeeren umwucherten und vom Torfmoose halb erstickten Tümpeln heraus, deren Wässer sich unter der Erde sammeln und bei einer vom Blitze der halben Krone beraubten kernfaulen Eiche einen kleinen, drei Fuß tiefen Teich entstehen lassen, bei dem sieben hohe spitze Machandeln Wache halten, und in dem ein krummer Ebereschenbaum seine roten Früchte spiegelt. Der weiße Grund des Pumpes ist in fortwährender Bewegung; bald hier, bald da öffnet er sich und ein silberner Strudel quillt daraus hervor und bewegt die langen, rosenroten Wasserwurzeln der Ellernstockausschläge, die die Ufer umgeben, hin und her. Allerlei schöne Blumen blühen hier, blaue Enzianen und Knaulen, gelber Weiderich und Hahnenfuß, weiße Dolden und Spierstauden und hohe Sumpfdisteln, um deren rote Köpfe die Hummeln brummen und weiße und rostrote Falter flattern, und auf die vielerlei Fliegen, die hier surren, macht die schlanke Waldeidechse Jagd, die sich auf dem Goldmoospolster an dem Fuße der Eiche sonnt.

Noch eine ganze Anzahl von quelligen Tümpeln, Wasserlöchern und Kuhlen sind über den Quellbrink zerstreut, dem eigenartigsten Fleckchen Land, das es hier weit und breit gibt, und das dem, der es oft besucht, jedesmal neue Überraschungen bietet. Denn hier schlüpft die Schlingnatter, lauert der Eisvogel, zwitschert die Wasserspitzmaus; der Hase scharrt sich sein Lager unter dem Machandel und der Bock birgt sich im Weidicht; gern pirscht der Fuchs hier, das Raubwiesel stellt den jungen Wiesenpiepern und die Otter den Mäusen nach, Sperber, Habicht, Lerchenfalk suchen hier nach Raub, auch die Kornweihe und die Eule, und wenn nachts das Rotwild aus dem Forst tritt und zu Felde zieht, tränkt es sich gern an den klaren Quellen, und in aller Frühe schleicht der Waldstorch dort umher, der heimliche Vogel aus der wilden Wohld da hinter dem Bruche.

Immer ist es schön hier und reich an allerlei Leben, sowohl im Vorfrühling, wenn der Porst aufbricht und die Moormännchen zirpen, späterhin, wenn das Wollgras weiße Wimpelchen wehen läßt und die Heidlerche singt, zur Heuezeit, wenn die Doppheide anfängt zu blühen und das Beinheil mit goldenen, rotgezierten Sternchen bedeckt ist, die betäubend nach Honig riechen, im Erntemond, wenn die Immen um die blühenden Heidbüsche summen, und noch später, wenn die Birken wie goldene Springbrunnen im Winde wallen und die Krammetsvögel scharenweise auf den Machandelbüschen einfallen.

Sogar wintertags, wenn der Schnee auf der Heide liegt und Rauhreif die Bäume und Sträucher eingesponnen hat, lohnt es sich, den Quellbrink zu besuchen, dessen viele Wässerchen auch um diese Zeit nicht erstarren, sondern zwischen Eis und Schnee aus dem Boden quellen und sich sammeln und schließlich zu dem Bächlein werden, daß sich dort unten durch die Wiesen hinschlängelt.

Die Durchfahrt.

An drei Stellen wird das Flüßchen, das durch das Wiesenland zwischen dem Dorfe und dem Forste hinflutet, von Fahrwegen geschnitten, auf denen die Bauern das Heu von den Wiesen, das Holz aus dem Walde und den Torf von dem Moore abfahren.

Die beiden ersten Straßen gehen mit Brücken über das Wasser. Die dritte, die am weitesten von dem Dorfe entfernt ist und nicht so viel benutzt wird wie die beiden anderen, hat keine Brücke, sondern nur eine Durchfahrt. Damit die Fußgänger sich nicht nasse Füße zu holen brauchen, ist unterhalb der Strömung zu beiden Seiten das Ufer hoch aufgeschüttet und zwischen vier starken Pfählen eine lange, dicke Eichenbohle befestigt, die an der einen Seite mit einem einfachen Geländer versehen ist. Drei dicke Pfähle, einer immer einen halben Fuß höher als der andere, die dort eingerammt sind, wo der schmale Fußsteig sich aus dem Rasen den Anwurf hinaufwindet, bilden eine kunstlose Treppe. Auf der einen Seite des Steges hat sich Weidengebüsch angesiedelt, auf der anderen erhebt sich eine vom Winde zerzauste Eiche über dem Ellernstockausschlag zu ihren Füßen.

Obgleich sowohl das Brückchen als auch der Baum und die Büsche an und für sich in keiner Weise bedeutend sind, fallen sie in dem weiten, flachen Wiesengelände doch sehr auf und wirken viel größer, als sie in Wirklichkeit sind, zumal der Bach an dieser Stelle viermal so breit als in seinem übrigen Laufe ist und in regnerischen Zeiten beiderseits weit in den Weg hineinreicht. Da zudem in und bei dem Buschwerk die Blumen und das Schilf vor der Sense geschützt sind, der Mist der Pferde und Kühe, die hier die Wagen durchziehen, allerlei kleines Getier anlockt, auch die Fischbrut sich an den seichten Stellen sonnt und die Strömung totes und lebendiges Gewürm und auch wohl abgestandene Fische und verendete Mäuse anspült, so geht es bei der Durchfahrt immer lebhaft zu.

Abends, wenn die letzten Wagen durchgefahren sind, steht der Reiher gern vor dem Stege und lauert auf Fische. Späterhin streicht der Waldkauz vorbei und sieht zu, ob er nicht einen Häsling oder einen anderen Fisch greifen kann, der sich zu nahe an die Oberfläche wagt. Allnächtlich fallen die Wildenten dort ein und suchen Gewürm, und der Uferläufer kommt mit lautem Getriller angeschwebt, trippelt an dem Rande des Wassers umher und fischt nach den winzigen Krebstierchen, die in ganzen Wolken in dem Seichtwasser auftauchen, bis ein leises Plantschen ihn davontreibt, das von dem Otter herrührt, der auf der Jagd dort auftaucht und eine Weile auf dem Sande ausruht, ehe er wieder in den Bach gleitet.

Ist es dann Tag geworden, so kommen die Gabelweihen, die hinten im Walde horsten, angeschaukelt, denn sie finden ab und zu einen abgestandenen Fisch hier, und bevor die ersten Wagen erscheinen, fußt der Bussard auf dem Tritte und lauert auf die Wühlmäuse, die am Ufer hin und her huschen. Tag für Tag saust der Sperber um die Büsche herum, um zu versuchen, ob es ihm nicht gelingt, eine Bachstelze, einen Schmätzer oder einen Ammer zu fangen; meistens muß er aber leer abziehen, weil die Schwalben, die über der Furt ganz besonders gern jagen, ihn früh genug melden und mit schrillem Geschrei von dannen treiben. Genau so machen sie es mit dem Lerchenfalken, der sich ebenfalls ab und zu hier sehen läßt. Rüttelt aber der Turmfalke, der großen, grünen Heuschrecken wegen, die in dem Gesträuche zirpen, dort, so bleibt er unbelästigt von den wachsamen Vögeln, denn sie wissen, er tut ihnen nichts.

Am meisten machen sich die Krähen bei der Durchfahrt zu schaffen. Entweder gehen sie in der Wiese umher und fangen Grashüpfer und Käfer, oder sie waten in das niedrige Wasser hinein und sehen zu, was es dort für ihre Schnäbel gibt, oder sitzen eine neben der anderen auf dem Geländer, glätten ihr Gefieder und geben scharf acht, ob sich nicht etwas Verdächtiges nähert. Kommt ein Bauer an, oder ein Gespann, so fliegen sie stumm ein Endchen weiter und kehren bald zurück. Läßt sich aber der Förster sehen, so erheben sie einen gewaltigen Lärm, streichen zum Waldrande, fußen dort auf den Bäumen und warten, bis der Grünrock verschwunden ist. Läßt es sich der Habicht einmal einfallen, bei der Furt zu jagen, so fallen sie mit gellendem Geplärre über ihn her und treiben ihn von dannen. Um den Bussard und um die Kornweihe, die hier jeden Tag vorbeigaukelt, kümmern sie sich aber kein bißchen.

Allerlei Vögel tränken sich an dieser bequemen Stelle, Spatzen, Finken, Hänflinge, Grünlinge, Ammer, die wilden Tauben und manchmal auch der Häher. Auf der Eiche nimmt die Elster, die im Dorfe brütet, gern Platz, und zu Zeiten auch der Raubwürger, der in dem alten Birnbaume im Felde sein Nest hat, denn er findet dort immer reichliche Beute, weil die dicken Bremsen gern über der Furt in der Luft stehen und auf die Gespanne warten. Haben sie sich dumm und faul gesogen, so setzen sie sich an das Geländer und sind leicht zu erwischen. Obgleich der Würger selbst ein Räuber ist und gern eine Maus oder einen Jungvogel faßt, so kann er es nicht leiden, wenn andere Räuber ihm in die Quere kommen. Er warnt vor dem Habicht und dem Sperber, sobald er sie gewahrt, und stößt auf sie, kommen sie näher, und wenn eine Dorfkatze an die Durchfahrt kommt, um einen Fisch zu erbeuten, so belästigt er sie so lange, bis sie wieder davonschleicht. Ebenso macht er es, wenn das Großwiesel, das in dem hohlen Ufer wohnt, sich blicken läßt, um zu dem Neste des Sumpfrohrsängers oder der Zwergmaus, die in dem Weidenstrauche stehen, zu gelangen.

Ab und zu sucht der Storch auch die Ufer der Furt ab, teils der Ukleis wegen, die an den Ausbuchtungen laichen und dann ganz dumm und unvorsichtig sind, oder der großen, grünen Frösche halber, die dort auf Fliegen, Bremsen und besonders auf die blauen, grünen, gelben, braunen und roten Wasserjungfern lauern, die massenhaft um die Schilfhorste flattern oder kreuz und quer über den Wasserspiegel flirren. Sobald sich aber die Ringelnatter blicken läßt, plumpsen die Frösche eilig in das Wasser und verbergen sich im dichtesten Gekräute, doch erwischt die Schlange dann und wann einen von ihnen, macht aber auch auf die Fische Jagd. Hat sie einen erbeutet, so schlängelt sie sich mit hochgehaltenem Kopfe, den Fisch im Maule, durch das Wasser nach dem Ufer, wo sie ihren Raub hinunterwürgt. Unter den mit blauen und weißen Glöckchen geschmückten Beinwellstauden sonnt sie sich dann auf dem warmen Sande. Wenn sich aber ein Wagen oder ein Mensch naht, so schlüpft sie in das lange Gras.

Der schönste von allen Besuchern der Durchfahrt ist der Eisvogel, der fast jeden Tag auf der Bohle oder dem Geländer sitzt und auf Beute wartet. Streicht er den Bach aufwärts seinem Neste zu, das er an der steilen Wand des Mühlenkolkes unter den alten Ellern hat, dann sieht es aus, als flöge ein großer Kolibri dahin, so blitzt und funkelt das Gefieder des kleinen Fischers. Der lustigste Vogel aber, der an der Furt sein Wesen treibt, ist die Bergbachstelze, die ebenfalls bei der Mühle brütet. Sie hat sich erst vor einigen Jahren hier angesiedelt, und wenn sie auch fast so aussieht wie die Kuhstelze, so ist sie doch viel fröhlicher als diese und dient dem Plätzchen ebenso zum Schmucke, wie die weiße Bachstelze, die sich gleichfalls hier jeden Tag einstellt, hurtig auf dem Stege umhertrippelt und nach Fliegen springt.

Im Spätherbste und Winter, wenn die Wiesen unter Wasser stehen und der Wagenverkehr bei der Durchfahrt bis zum Vorfrühling aufhört, schweben oft durchreisende Möwen dort hin und her und suchen nach Futter, und mancherlei nordische Enten und Taucher lassen sich da nieder, weil sie von da aus weiten Blick haben und deshalb vor dem Jäger sicher sind.

Nur wenn starker Frost die Wasserfläche zum Zufrieren bringt, ist es still und öde da, und einzig und allein die Krähen sitzen trübselig auf dem Geländer oder hacken an einem eingefrorenen Fische auf dem Eise herum.

Kommt aber der Frühling in das Land, taut das Eis, schmilzt der Schnee, läuft das Wasser ab, sprießt das Gras und blühen die gelben Kuhblumen an dem Flüßchen, dann beginnt bei der Durchfahrt wieder das bunte, lustige Leben.

Die Böschung.

Quer durch die Heide zieht sich der Kanal, der die Wasser des Moores dem Flusse zuführt.

Er ist so tief in das Gelände eingelassen, daß seine Böschungen hoch und steil sind. Deshalb ist es dort meist überwindig und darum herrscht selbst dann, wenn die Luft rauh über das übrige Land geht, noch allerlei Leben, zumal der Rand der Böschung mit Föhren, Birken, Eichen und allerlei Gebüsch bedeckt ist und ihre Flanken an den meisten Stellen ausgedehntes Sandrohrgestrüpp trägt.

Neulich, als es zum ersten Male über Nacht hart gefroren hatte, das Heidkraut von Reif starrte und das meiste von den Faltern, Fliegen, Bienen und Käfern, das tags zuvor noch lustig sein kleines Leben geführt hatte, tot dalag oder sich verborgen hielt, sah es an der Böschung gar nicht danach aus, als ob der Winter sich schon angemeldet habe.

Die Birken waren zwar binnen zwölf Stunden gelb geworden, die Eichenblätter hatten sich auf einmal gebräunt und die Espen hatten kohlschwarzes Laub bekommen. Die Silberrispen des Sandhalmes schimmerten aber noch in alter Pracht, die Moorhalmbüsche leuchteten wie goldenes Glas, an den Brombeeren waren nur wenige fahle Blätter zu sehen und hier und da fristete noch eine Blume das Leben, hier die rubinrote Karthäusernelke, da das goldene Mauseohr, dort die blaue Knaule und daneben die weiße Sumpfschafgarbe.

Als die Sonne dann den Reif abgetaut hatte und den Boden anwärmte, schwirrte und flirrte es da, wie zur sommerlichen Zeit. Mordwespen suchten Raupen und Spinnen, um sie mit ihren Giftstacheln zu lähmen und in ihre Bruthöhlen zu schleppen. Spinnen huschten zwischen den borstigen Grasbüscheln über den feinen, weißen Sand, hier schlich ein Rüsselkäfer, da rannte ein Sandläufer, Schlammfliegen sonnten sich auf den Föhrenwurzeln, Bienen und Hummeln naschten an den letzten Blumen, große dicke Raupen in samtenen, mit Gold verbrämten Pelzen krochen langsam über das silbergraue Renntiermoos, dickköpfige Grillen wagten sich aus ihren Löchern hervor, kleine Heuschrecken zirpten zum letzten Male, viele Sandfüchse flatterten an den nackten Stellen, ein Zitronenfalter taumelte an den Büschen entlang. Köcherhafte und Florfliegen rafften sich zu einem kurzen Fluge auf und sogar Wasserjungfern schwirrten hin und her. Auch auf dem Ameisenhaufen krimmelte und wimmelte es noch, ein Eidechschen lag breit und behaglich in der Sonne, ein junges Kreuzkrötchen kroch hurtig über die Moospolster und jagte auf Mücken, und ein Grasfrosch schnappte nach Schmeißfliegen.

Alles dieses kleine feine Leben nahm aber nach und nach ein Ende, als Nacht für Nacht der Frost über die Heide fuhr und als dann der schwere kalte Regenguß kam, da war es ganz aus damit. Was sich nicht zu bergen wußte, wie die Käfer, Eulenfalter, Florfliegen und Ameisen, das brachte die Kälte um oder tötete der Regen. Gegen Mittag, wenn die Sonne heiß gegen die Böschung scheint, schwirrt wohl noch einmal eine Fliege, kriecht ein Käferchen dahin, und die Wintermücken spielen dann in hellen Haufen über dem Sande und steigen auf und ab; all das andere kleine Getier wird aber erst wieder sichtbar, wenn der Winter aus ist und die Frühlingssonne die Böschung bescheint. Dagegen mangelt es dort nie an anderem Getier. Vor allem sind es die Vögel, die die Büsche mit Leben erfüllen. Ein Meisentrupp nach dem andern, meist von einem Spechte geführt und von Goldhähnchen begleitet, rispelt und krispelt in den Föhren, Birken und Eichen umher, Dompfaffen suchen das Gebüsch nach Beeren und Knospen ab, Krammetsvögel halten dort Rast, und so ist es da fast nie still und leer.

Geht die Sonne zur Rüste, ziehen die Krähen laut quarrend unter dem goldenen Himmel ihrem Schlafwalde zu, fallen die Goldammern in die Eichenbüsche ein und rascheln lange in dem dürren Laube, ehe sie die Augen zumachen, fällt die Amsel zeternd in die Schlehdornen, dann tritt ein heimliches Leben an die Stelle des offenbaren. Aus ihren Bauen schlüpfen die Kaninchen heraus, sichern lange an dem Eingange der Fahrten und rücken zu Felde. Ihnen nach folgt der Hase, der sich den Tag über in dem Sandrohre geborgen hielt. Dann erscheint die Eule und streicht die Böschung auf und ab, der vielen Mäuse wegen, denen die Sandrohrkörner reiche Nahrung bieten. Enten kommen angeklingelt, fallen am Ufer ein und schnattern es nach Fraß ab. Feldhühner rennen den Fußsteig entlang und huschen bei der Brücke über den Fahrweg. Gern treten die Rehe dort herum, um die Brombeeren zu verbeißen. Das Hermelin sucht die Kaninchenbaue ab und würgt, was es greifen kann, desgleichen der Iltis, der unter der Brücke wohnt, und der Fuchs, der in den Heidbergen sein Gebäude hat, schleicht allnächtlich hier umher, weil er jedesmal gute Beute macht, und alle paar Tage spürt sich der Otter auf dem Sandwege, und die Reste von Döbel und Hecht zeigen an, daß er nicht umsonst gefischt hat.

Wenn die Sonne dann wieder über den Berg kommt, wenn der Nebel von dem Kanale weicht, die Goldammern ihre Schlummerbüsche verlassen und zu Felde fallen, geht das laute Leben wieder los. Dann lacht der grüne Specht, der einen Stollen in den Ameisenhaufen getrieben hat und sich darin vollfrißt, der Häher kreischt, der Zaunkönig schmettert sein Liedchen, Hänflinge, Grünfinken und Stieglitzen machen halt, wenn sie hier vorbeigestrichen kommen, die Elster nimmt für einen Augenblick Platz, ehe sie nach der Abdeckerei fliegt, der Bussard lauert, ob er nicht das Wiesel betölpeln kann, das unter dem Durchlasse haust, und allerlei Meisenvolk tummelt sich im Buschwerke.

So geht es in der rauhen Zeit tagein, tagaus. Ist aber der Winter zu Ende, werden die silbernen Kätzchen an den Weiden zu goldenen Flämmchen, entfalten die Kohmolken am Ufer ihre großen gelben Blumen, wandern die Pieper aus Nordland auf der Rückreise am Kanal entlang ihrer Heimat zu, dann wacht auch das kleine und feine Leben wieder auf und es blitzt und flitzt und schwirrt und flirrt und flittert und flattert und summt und brummt von früh bis spät an der Böschung.

Die Kiesgrube.

Mitten in der Feldmark, weithin sich bemerkbar machend, ist ein heller Fleck. Das ist die große Kiesgrube, aus der das Städtchen seinen Bausand gewinnt.

Jetzt, zur späten Zeit im Jahre, herrscht nicht die bunte Pracht in ihr, wie an sommerlichen Tagen. Hier und da hat sich noch eine goldgelbe Rainfarnblüte vor dem Nachtfroste gerettet, eine schneeweiße Schafgarbe, eine himmelblaue Glockenblume, eine blutrote Karthäusernelke.

Dennoch aber fehlt es der Grube nicht an Farben. Über der gelben Steilwand, die von den Bruthöhlen der Uferschwalben wie ein Sieb durchlocht ist, prahlen die Schlehen mit hellblauen und die Weißdornbüsche mit feuerroten Beeren, und die junge Birke unter der Wand ist über und über mit goldenen Flittern behängt. Die Brombeeren vor ihr leuchten scharlachfarbig, die hohen Beifußstauden sind blutigrot, stumpfgrün starren die hohen Binsen und wie Rubinen strahlen die Blättchen des Zwergampfers.

Auch an anderem Leben mangelt es nicht. Eben rüttelte der Turmfalke über der Stelle, wo eine Waldmaus aus dem bunten Steinhaufen rutschte und über die goldigschimmernden Moospolster hinweghüpfte. Er stieß herunter und strich mit der Maus in den Griffen ab. Dann schnurrte ein Flug von Feldspatzen heran, fiel in den Schlehdornen ein, lärmte ein Weilchen und stob feldeinwärts. Jetzt hüpfen ein paar Grünfinken unter den Klettenstauden umher und suchen nach Grassamen, auf der Spitze der Birke sitzt ein Hänfling und lockt halb lustig, halb wehmütig, und an den weißwolligen Schöpfen der hohen Haferdistel hängen zwei knallbunte Stieglitze, zwitschern fröhlich und picken die Samenkörner heraus.

Plötzlich fliegen sie ab, denn in den hohen, brauntrockenen Brennesseln hinter dem Haufen kopfgroßer Steinknollen raschelte es. Ein plattes Köpfchen mit schwarzen Augen taucht auf, verschwindet, ist wieder da, und nun sitzt oben auf dem Steinhaufen ein Wieselchen, schlüpft durch die fahle Mausegerste, kommt unter den Kletten zum Vorschein und verschwindet zwischen dem braunen Gestrüpp der Flockblumen, wohin das Geschrille der Spitzmäuse es lockt. Ein Goldammerhahn kommt angeschnurrt, läßt sich auf einem Pfahle nieder, lockt, wippt mit dem Schwanze, sträubt die Holle und burrt weiter. Dann ist auf einmal eine Haubenlerche da, die hurtig auf dem Sande umherrennt, ein Spinnchen fängt, einige Körnchen aufliest und mit weichem Geflöte von dannen fliegt, so daß der Sperber, der hinter der Birke hergeschwenkt kommt, mit leeren Fängen abziehen muß.

Dünne Vogelstimmen kommen näher; vier Pieper aus Nordland lassen sich vor den grauwolligen Mausekleebüscheln nieder, trippeln hin und her, putzen sich ihr Gefieder, lesen Körnchen auf, tränken sich an der

Regenpfütze und wandern weiter nach Süden. Über der Steilwand erscheint ein hellgefärbter Bussard, rüttelt eine Weile über der Stelle, wo er zwischen den braunen Johanniskrautstengeln eine Bewegung erspähte, und streicht dann fort, weil er das, was sich da rührte, als die Löffel des Hasen erkannte, der dort im Lager sitzt, und er weiß, daß er nicht stark genug ist, um den zu bezwingen. Über die silbernen Gänsefingerkrautblätter humpelt steifbeinig ein frostlahmer brauner Frosch; er will sich einen Unterschlupf suchen, wo er die harte Zeit verschlafen kann. Dasselbe hat eine winzige Kreuzkröte vor, die den dürren Ochsenzungenstauden zukriecht.

Laut schwatzend braust ein Flug Stadtsperlinge über die Grube hin. Dann läßt sich eine Nebelkrähe in ihr nieder, schreitet würdevoll auf und ab und sucht so lange, bis sie eine Käserinde findet, die die Sandfuhrleute fortwarfen, und mit der sie abfliegt. Ein Dompfaffenpärchen nimmt auf den Schlehen Platz, lockt zärtlich, verbeißt einige Knospen und strebt dem nahen Friedhof zu. Vor der Steilwand flattert ein alter Hausrotschwanz umher, schlüpft in eine der Uferschwalbenhöhlen, kommt wieder heraus, rüttelt vor einem anderen Loche, fängt dort eine Schnake weg, rennt an der Sandkante entlang, fliegt nach den Brombeeren, zerpflückt die letzte reife Beere, trippelt über die seidigschimmernden Moospolster, hascht eine Spinne und eine Fliege, und fort ist er.

Die Sonne ist hinter dem Hügelkopfe untergegangen; ihr Abglanz färbt den weißen Sand wärmer und die bunten Kiesel darauf glühen und sprühen. Dann verliert sich das Leuchten am Himmel; die Luft wird grauer. Bleiche Eulenfalter flattern dahin; von der Steilwand ruft das Käuzchen. Quarrend fliegen die Krähen vorüber. Der Hase erhebt sich aus seiner Sasse, putzt sich das Fell, hoppelt unter dem Abhange entlang, sichert eine Weile und rückt dann zu Felde. Die Haubenlerchen sind wieder da, locken und schlüpfen zum Schlafe in das Gekräut. Unter den Kletten zwitschern die Spitzmäuse, in den Brombeeren rascheln die Waldmäuse. Es burrt laut und ein Feldhuhnpaar fällt in der Grube ein, rennt über den Fahrweg und verschwindet in dem fahlen Gestrüpp. Jetzt lockt der Hahn und stiebt mit seiner Henne wieder ab; eine stromernde Katze trieb ihn fort.

Immer trüber wird es. Nach einer Stunde ist es Abend. Dann jagt die Schleiereule, die im Kirchturme wohnt, hier auf Mäuse, der Iltis stöbert hier umher und ganz gewiß läßt sich auf seinem Wege nach dem Seeufer, wo er die Enten beschleichen will, auch der Fuchs es einfallen, der Kiesgrube einen kurzen Besuch abzustatten, um zuzusehen, ob er nicht einen Hasen oder ein Feldhuhn erwischen könne, oder sei es auch nur eine Maus, denn daran mangelt es hier nicht, weil das viele Gekräut den Mäusen durch seine Samenkörner reiche Nahrung bietet und die Grube trocken und warm gelegen ist, so daß sich es wintertags dort leben läßt.

So fehlt es selbst dann, wenn der Schnee festliegt, der Kiesgrube nicht an lustigem Leben, denn Tag für Tag stellen sich die Grünfinken, Stieglitze, Goldammern und Feldspatzen in ihr ein und suchen Sämereien. Am schönsten und lustigsten aber ist es zur Sommerszeit, wenn die Uferschwalben vor ihren Bruthöhlen auf und ab fliegen, der Steinschmätzer über das Geröll rennt, die Hänflinge schwatzen und die Grasmücke plaudert, und über dem bunten Gewirr von Distel, Färberkamille, Rittersporn, Löwenmaul, Johanniskraut, Minze, Klatschmohn und Fetthenne die Falter flattern und die Bienen summen. Dann ist das Sandloch unter dem Hügelkopfe so voll von Blumen, so laut und lebhaft von allerlei Getier, daß der, wer alles das schildern wollte, ein ganzes Buch darüber schreiben müßte.

Die Dornhecke.

Es gab einmal eine Zeit, da sah die Feldmark so bunt und kraus aus, wie eine Federzeichnung von Albrecht Dürer.

Jeder Grabenbord hatte sein Dorngestrüpp, jede Böschung ihr Gestrüpp, alle Teiche und Tümpel waren von Weiden und Erlen eingefaßt, und an Wildbirnbäumen, Kopfweiden und Pappeln war kein Mangel.

Dann kam die Verkoppelung und aus war es mit der ganzen Herrlichkeit. Die Büsche und Bäume fielen überall unter der Axt, selbst da, wo sie niemand im Wege standen und keinen Schatten auf den Acker oder in die Wiese warfen. Kahl und langweilig wurde das Gelände und arm an Vogelsang und Falterflug, und alle die schönen bunten Blumen, die in dem Gebüsche wuchsen, verschwanden.

Eine einzige Hecke ist in der ganzen weiten, breiten Feldmark noch übriggeblieben. An der Wetterseite des Hohlweges zieht sie sich entlang und schützt ihn vor Erdrutsch und Schneeverwehung. Die Schlehe und der Weißdorn bilden mit Kreuzdorn und Heckenrose ein dichtes Gewirre, dessen Grund von Brombeeren, Himbeeren und Stachelbeeren besäumt wird, und dazwischen verschränken sich Nesseln, Disteln, Kletten und andere Stauden zu einem engen Verhau.

Wie ein mürrisches braunblaues Bollwerk steht jetzt die Hecke im überschneiten Felde. Man sieht es ihr nicht an, wie schön sie im Vorfrühling ist, wenn die Schlehen sich mit weißen Blüten bedecken, oder später, wenn der Weißdorn seine schimmernden, starkduftenden Dolden entfaltet, oder hinterher, brechen an den Rosenbüschen die reizenden Knospen auf. Aber auch wenn die Büsche selber nicht mehr blühen, bleibt es bis in den Herbst hinein noch bunt von blauen Glocken, roten Lichtnelken, weißem Labkraut und gelber Goldrute; wenn diese verwelken, schmücken sich die Zweige mit scharlachrotem und goldgelbem Laube, und fällt das ab, so funkeln, blitzen und leuchten die schwarzen, blauen und roten Beeren am kahlen Gezweige.

Mit dieser Pracht ist es nun auch fast zu Ende. Die Brombeeren sind abgefallen bis auf einige, die nicht mehr zur Reife kamen und nun verdorrt an den Stielen zwischen den eingeschrumpften Blättern hängen. Die Rosen haben zwar noch viele von den Hagebutten, doch sind sie von dem Nachtfroste verschrumpft und leuchten nicht mehr so herrlich, wie im Spätherbste, und auch die Mehlfäßchen an dem Weißdorne verloren ihr prächtiges Aussehen und fangen an, sich zu bräunen. Einzig und allein die Schlehen haben noch die meisten ihrer blaubereiften Früchte bewahrt, doch werden es von Tag zu Tag weniger, da Sturm und Regen sie nach und nach von den Zweigen reißen und zu Boden werfen. Dennoch ist die Hecke immer noch schön. Sie war es eben, wo sie als braunblaues Bollwerk von dem Schnee abstach, und ist es jetzt erst recht, denn die Sonne ist durchgekommen, und das verworrene Gezweige blitzt und schimmert und leuchtet, als bestände es aus Erz.

Auch fehlt es nicht an allerlei Leben. Zwar die Grasmücken und Braunellen, die sommertags hier umherschlüpfen und fleißig singen, sind verzogen, die Falter starben ab oder sitzen in Todesstarre in ihren Winterverstecken, wie auch der Laubfrosch, der in der schönen Zeit hier so oft lustig meckert, in seiner Erdhöhle die bitteren Tage verschläft, und die Eidechse, die im Sommersonnenscheine hin und her huscht, desgleichen tut; aber alle Augenblicke schwirrt oder burrt es heran, denn alles kleine Vogelvolk, das über die Feldmark dahinfliegt, macht hier gern Rast. Feld- und Haussperlinge fallen in ganzen Flügen ein, Buchfinken und Grünlinge, Stieglitze und Hänflinge, desgleichen die Goldammern und die plumpen Grauammern, die mit trockenem Geklapper fortfliegen, wenn ein Mensch den Weg entlangkommt.

Ab und zu stellt sich auch anderer Besuch ein. Da sind die wunderschönen Dompfaffen, die hier immer haltmachen, wenn sie den Wald mit den Obstgärten des Dorfes vertauschen wollen, oder die Kramtsvögel, die von den höchsten Zweigen der Schlehdornbüsche Umschau halten, ehe sie zu Felde fallen. Dann und wann nimmt hier auch der Raubwürger aus Nordland Platz oder eine der Elstern, die in den hohen Pappeln des Gutes ihr Dornennest haben, oder einige Meisen suchen ein Weilchen in dem Gezweige nach Raupeneiern und wandern dann lustig lockend dem Walde oder dem Dorfe zu, und manchmal stöbert auch ein Eichelhäher da herum und tut sich an den Beeren gütlich, oder eine Krähe lauert am Boden auf eine Maus.

Die wohnen auch um diese Zeit in der Hecke, sowohl die braunen Waldmäuse wie die schön schwarzgestreiften Brandmäuse und auch die zierlichen Zwergmäuschen, denn sie finden im Laube allerlei Körner und Samen und dazu noch die abgefallenen dürren Beeren sowie manchen Käfer und allerlei anderes kleine Getier, das in dem trockenen Laube den Winter verschläft. Auch Feld- und Rötelmäuse gibt es dort sowie die dicke Wühlmaus, und deswegen läßt sich das Wiesel und das Hermelin oft da blicken, um auf sie zu jagen.

Die Sonne ist wieder fortgegangen, der Himmel wird grau, ein Wind macht sich auf und es beginnt zu dämmern. Da kommt es mit lauten Locktönen herangeflattert. Die Goldammern sind es. Sie fallen auf den Zweigen ein, sträuben die gelben Schöpfchen, zucken mit den Schwänzen, zanken und zergen sich ein wenig und schlüpfen dann tief in das Gebüsch hinein, wo sie noch ein Weilchen herumrascheln, um dann einzuschlafen.

Unter ihnen her schlüpft das Hermelin und wittert nach ihnen empor, traut sich aber wegen der scharfen Dornen nicht hinauf und huscht deshalb nach der Strohdieme, um dort auf die Mausejagd zu gehen. Es beginnt verloren zu schneien. Allmählich fallen die Flocken dichter, bedecken die Saat und den Sturzacker und bleiben in den Zweigen der Hecke und auf dem Dürrlaube der Brombeeren hängen, alles verhüllend, was darunter schläft und atmet.

Morgen früh aber, wenn die Sonne kommt, beginnt es da wieder zu leben. Die Ammern erwachen, putzen ihr Gefieder und fliegen zu Felde. Die Spatzen kommen an und die Finken, die im Walde geschlafen haben, und so vergeht keine Stunde, daß auf der Dornhecke nicht irgend welches fröhliche Leben ist, während ringsum im Felde alles weiß und tot ist.

Der Fichtenwald.

Die Morgensonne steigt rund und rot über die verschneiten Kuppen; der Bergwald erwacht.

Lärmend fliegen die Krähen zu Tale, Häher flattern kreischend von Baum zu Baum, Goldfinken flöten im Unterholze, Zeisige zwitschern dahin, überall ertönt das Geklingel der Meise und das Gewisper der Goldhähnchen, zwischendurch auch das schneidende Gezeter der Amsel, die den zu seinem Bau schleichenden Fuchs erspäht hat.

Die Frostnebel weichen von der Bergwand, goldig erglänzen die Schneehänge, rosig färben sich die bereiften Fichten, silbern blitzt unter der Felswand der Wildbach. Da leidet es den Zaunkönig nicht, der im Ufergebüsche umherschlüpft; keck schmettert er sein Liedchen, und auch die Wasseramsel, die mitten im Bache auf einem gischtumrauschten Blocke sitzt, singt fröhlich die Sonne an.

Auf einmal singt es lustig hier aus dem Wipfel, und da und dort, hüben und drüben, nah und fern, laute und leise Locktöne erschallen, helle und tiefe, spitze und runde, und von Fichte zu Fichte fliegen rote und grünlichgelbe Vögel, hängen sich an die Äste, klettern an den Zweigen umher, schlüpfen dahinter, tauchen wieder auf, machen sich an den schimmernden Zapfen zu schaffen, zerklauben die größeren, kneifen die kleineren ab, sind emsig beim Fressen, putzen dazwischen ihr Gefieder, schnäbeln sich ein bißchen, zanken sich ein wenig und haben sich, als wäre es Mai.

Kreuzschnäbel sind es, die seltsamen Vögel, die hier zwischen Eis und Schnee ihre Brut aufziehen. Über hundert Paare haben sich die Wand hier als Brutstätte gewählt. Unstet waren sie in kleineren Trupps seit dem Frühsommer umhergestrichen, hatten bald oben in den Bergen, bald unten im Lande gelebt, bis um die Weihnachtszeit ein Flug die reichtragenden Fichten an dem sonnigen Abhange entdeckte und sich dort ansiedelte. Andere Rotten, die vorüberstrichen, fanden sich dazu, und wenn es auch anfangs ein großes Gezanke um die Weibchen und ein bitteres Gezerre um die Neststände gab, mit der Zeit vertrug man sich hierum und darum.

Schneidend pfiff oft der Wind an dem Hang entlang, wild wirbelte der Schnee und hüllte die Fichten ein; die Kreuzschnäbel kümmerte es wenig. So fest und dick blieb er auf den Zweigen nicht liegen, daß er die Samenzapfen verdeckte, und sobald die Sonne ein wenig schien, sangen die purpurroten Männchen den grünlichgelben Weibchen lustig ihre Lieder vor, und beide brachen dann fleißig dürre Reiserchen, Heidkrautzweige und Grasblätter für die Außenwand des Nestes, das sie dann mit Moos und Flechten auspolsterten, daß es so dick und so fest und so weich und so warm wurde, wie es nötig ist, daß der Frost nicht bis zu den Eiern gelangen konnte.

Gut versteckt waren die Nester auch in den dichten Zweigen, und fest genug hineingebaut. Mochte der Schnee auch noch so hart treiben, er kam höchstens mit einigen feinen Stäubchen bis zu den brütenden Weibchen hin. Und damit die Eier nicht kalt wurden, fütterte jedes Männchen sein Weibchen, so daß es das Nest nicht zu verlassen brauchte, als höchstens dann, wenn die Mittagssonne ganz warm schien und es sich sein Gefieder zurechtzupfte, es vom Harze reinigte und sich ein bißchen Bewegung machte. Während nun rundumher das Land im Schnee begraben lag und außer dem Gebimmel der Meisen und dem Gezirpse der Goldhähnchen oder einem Krähenschrei und einem Häherruf kein Laut zu hören war, entstand in den hundert und mehr verborgenen Nestern neues Leben.

Nun, wo der Winter nachts noch mit voller Macht hier am Berge herrscht, die Sonne aber schon größere Kraft hat und oft genug den Schnee über Mittag zum Tauen und Tröpfeln bringt, verlassen die jungen Kreuzschnäbel die Nester und wagen sich auf die Zweige hinaus, wo sie eng aneinandergedrängt sitzen, bis einer der alten Vögel herannaht und sie gierend und mit den Flügeln zitternd sich ihm entgegendrängen, um sich den Schlund mit angequollenem Fichtensamen vollstopfen zu lassen. Der Frost macht hungrig, und so haben die alten Vögel von Sonnenaufgang bis zum Abend hin genug zu tun, um die drei oder vier immer freßlustigen Jungen sattzumachen.

Jeder von ihnen hat einen Fichtenzapfen vor und zerspellt mit dem sonderbaren Schnabel die harten, festanliegenden Schuppen, löst mit der Zunge das winzige Samenkorn heraus und läßt es in den Kropf rutschen. Hier hängt ein altes Weibchen kopfüber an einem Zapfen und bearbeitet ihn, daß es in einemfort leise knistert und immerzu winzige Teile der Schuppen, wie Goldstaub blitzend, auf den Schnee am Boden wirbeln, der davon und von den abgestreiften Nadeln und Flechten schon ganz buntgefärbt ist. Dort kneift ein purpurrotes Männchen einen kleinen Zapfen ab, trägt ihn mit dem Schnabel nach einem bequemen Ast und leert ihn da aus. Überall gieren die hungrigen Jungen, hier und da und dort zittern sie mit den Flügeln, in einemfort rieseln Nadeln herab, stäubt Schnee herunter, rundumher ertönt das seltsame Locken der alten Vögel und ab und zu das lustige Gezwitscher eines Hahnes, der auf einem Wipfeltriebe sitzt, daß sein rotes Gefieder in der Sonne nur so leuchtet.

Noch eine oder zwei Wochen wird das lustige Treiben und das bunte Leben hier oben in den hohen Wipfeln anhalten. Dann aber, wenn die Sonne den Schnee von der Bergwand vertreibt, wenn der Seidelbast sich mit rosenroten Blütchen schmückt und der Nießwurz seine grünlichen Blumen entfaltet, wenn die Meisen sich auf ihre Lieder besinnen und der Fink zu schlagen beginnt, werden die jungen Kreuzschnäbel flügge sein und mit den Alten von dannen ziehen, irgendwohin, wo die Fichten genügend tragen. Heute werden sie da sein, morgen dort, und um die Zeit, wenn alle anderen Vögel sich seßhaft machen und ihre Brut aufziehen, unstet und flüchtig hin und her wandern, wie die Zigeuner.

Irgendwo werden sie zur Winterszeit sich einen Wald suchen, wo sie Nahrung genug finden, entweder hier oben in den Bergen oder unten im Lande, je nachdem hier oder dort der Fichtensamen gerät. Vielleicht werden sie in eine Gegend verschlagen im flachen Lande, wo sie sonst nicht leben, und wenn sie dort um die Weihnachtszeit einen Wald mit unbekannten Farben und fremden Stimmen beleben, wird das Volk sie mit besorgten Mienen betrachten und meinen, sie brächten Krieg, Seuche und Teuerung.

Die Strohdieme.

Mitten im kahlen, verschneiten Felde steht die Dieme groß und breit da, und so protzig, als sei sie stolz auf die weiße Haube, die ihr der letzte Schneefall verehrt hat.

Hundert Schritte von ihr führt der Weg entlang, der von der Vorstadt nach dem Walde führt, und auf dem tagtäglich viele Menschen hin und her gehen. Kaum einer von ihnen sieht nach ihr hin. Was ist denn auch weiter daran zu sehen? Es ist ja nur ein Haufen von gedroschenem Stroh.

Das ist wohl wahr. Aber sie ist doch mehr, als nichts und weiter nichts denn ein Haufen toten Strohes. Sie ist eine Herberge und Schlafstätte für vielerlei Getier, das da entweder sein heimliches Leben führt oder ohne Besinnung die harte Zeit verträumt, bis im Frühling, wenn die Dieme abgebaut wird, die Sonne das, was unter ihr schläft, aufweckt.

Schon im Vorherbste, als die Dieme eben gerichtet war, und die ersten rauhen Winde und kalten Güsse über das Land gingen, rettete sich alles, dem es auf dem Felde zu kalt und zu zugig wurde, zu ihr hin, große und kleine Laufkäfer, Fliegen und Wespen, Kurzflügler und Ohrwürmer, Raupen und Eulenfalter, Asseln und Tausendfüße, Spinnen und Milben, Springschwänze und Erdflöhe. Sie alle krochen unter die unterste Strohschicht, krabbelten dort noch eine Weile umher und fielen, als der Frost einsetzte, in Schlaf.

Zu gleicher Zeit kamen die Mäuse angerückt, rötlichgraue, schlanke Waldmäuse, die schönen zimtbraunen, auf dem Rücken mit einem schwarzen Aalstrich geschmückten Brandmäuse, die zierlichen Zwergmäuse, die plumpen, kurzschwänzigen Feldmäuse. Sogar Ackerspitzmäuse stellten sich ein, denn Fraß für ihre spitzen Zähne boten die vielen schlafenden Kerbtiere zur Genüge, auch wurde mehr als eine kranke und schwache Maus ihre Beute.

Vor der Dieme liegt ein mächtiger Haufen Kaff, den die Dreschmaschine unter sich ließ, und der zu einem guten Teil aus Unkrautsamen besteht. Da war anfangs Tag für Tag ein lustiges Leben; Haus- und Feldspatzen, Gold- und Grauammern, Hänflinge und Grünlinge, Buchfinken und Haubenlerchen gaben sich dort ein Stelldichein. Das lockte dann den Sperber, der alle paar Tage angestrichen kam, um die Dieme herumschwenkte und mit einem Vogel in den Griffen dem Walde zuflog. Späterhin löste ihn der Merlin, der Zwergfalke aus Lappland, ab. Wie ein Blitz war er zwischen den Finken und Ammern, und gleich darauf fußte er auf einem Grenzsteine und kröpfte seine Beute, ohne sich um die Menschen zu kümmern, die hundert Schritte bei ihm vorübergingen.

Gestern, als der Nordostwind aus dem Holze herausheulte und Schlackschnee über das Feld schmiß, war es still und öde bei der Dieme. Ab und zu ließ sich eine Krähe auf dem Rande des Daches nieder, spähte hinab, ob sich nicht eine Maus blicken ließ, und flog mißmutig weiter. Heute, wo die Sonne hell am blauen Himmel steht und das leichtverschneite Land bescheint, ist allerlei Leben bei der Strohburg. Bald hier, bald da huscht eine Maus hervor, sonnt sich ein Weilchen und schlüpft wieder in ihr Loch, wenn der Schatten einer Krähe auf den Schnee fällt oder ein Trupp Spatzen herangebraust kommt. Eine dicke Waldmaus, die von der Dieme nach dem Kaffhaufen will, paßt nicht auf, und die graue Krähe, die schon eine Weile gelauert hat, packt zu, faßt sie und streicht mit ihr fort, verfolgt von zwei Rabenkrähen, die ihr hungrig quarrend den Raub abzujagen suchen.

In der dünnen Schneeschicht am Fuße der Dieme sind allerlei Spuren sichtbar. Über Nacht ist der Fuchs, der in dem eine Meile weit entfernten Forst seinen Bau hat, hier gewesen; deutlich zeigt der Schnee seine Spur. Dann sind die zierlichen Eindrücke des Wieselchens da zu sehen, ferner die Spuren von Katze und Hund. Sie alle sind auf Mäusejagd gewesen. Sogar den Igel hat der Hunger aus seinem Unterschlupf in der Dornenhecke herausgetrieben; seine Spur führt rund um die Dieme hin. Die schöngeperlte Feder, die an einem dürren Unkrautstengel hängengeblieben ist, stammt von der Schleiereule, die nächtlicherweile vom Kirchturme aus der Dieme einen Besuch gemacht hat, wo sie mit dem Kauze zusammentraf, der vom Walde herkam und der die große Flügelfeder verlor, die dort im Schnee liegt. Auch ein paar Rehe haben hier herumgetreten, den Schnee vor dem Kaffhaufen geplätzt und das ausgewachsene Getreide abgeäst.

Die Goldammern, die eben auf dem Kaffhaufen herumsuchten, wo ein Hund oder der Fuchs nach Mäusen gescharrt hat, stieben plötzlich empor und hasten davon, und auch das Haubenlerchenpaar, das vor der Dieme umhertrippelte, flattert von dannen, denn von der Hecke her kommt ein schlankes, schneeweißes Tier mit blanken, schwarzen Augen angehüpft, das Hermelin. Nach fünf bis sechs Sprüngen macht es jedesmal halt, richtet sich auf, äugt umher und rennt dann weiter.

Jetzt ist es bei der Dieme angelangt, findet mit seinen Spürborsten sogleich heraus, wo es bequem einschleichen kann, und fort ist es. Nun wird Todesschrecken unter den vielen Mäusen herrschen, die in der Dieme wohnen. Das wird ein banges Geflitze und Gekrabbel sein und ein ängstliches Gerenne und Gerutsche. Schon ist das weiße Mörderchen wieder da; hochaufgerichtet sitzt es und hält eine noch mit den Hinterfüßen zappelnde Brandmaus zwischen den scharfen Zähnchen. Einen Augenblick sieht es sich um, dann hüpft es mit seiner Beute der Dornhecke am

Feldgraben zu, wo es gerade noch rechtzeitig anlangt, um der Krähe zu entgehen, die danach aus der Luft herunterstößt. Vor Schreck hat es aber die Maus fallen lassen, mit der die Krähe nun abfliegt. Kaum hat sie die Maus hinabgewürgt, da streicht sie mit wütendem Geplärre der Dieme zu, auf der sich ein heller Raufußbussard niedergelassen hat; es paßt ihr nicht, daß er dort auf Mäuse lauert. Schnell sind noch drei andere Krähen da und schnarren den gutmütigen Fremdling so an, daß er es für besser hält, sich von dannen zu begeben.

Im Frühling, wenn der Bauer Strohmangel hat und die Dieme abbaut, werden die Mäuse nach allen Ecken und Enden auseinanderflüchten. Viele von ihnen werden die Hunde greifen, andere die Knechte totschlagen; die meisten aber werden entkommen. Dann wird die Dieme auch ihr schlimmstes Geheimnis offenbaren. Anderthalbhundert schrecklich abgemagerte Frösche und Kröten werden die Leute dann vorfinden, die der Iltis, der sich an der einen Seite des Strohberges eins seiner Winterlager gewühlt hat, im Herbste zusammenschleppte und hier aufspeicherte für schlechte Zeiten, nachdem er jedes Stück durch einen Biß in das Kreuz gelähmt hatte. Nur wenn tagelanger kalter Regen ihn festhält, frißt er davon, und so quälen sich die unglücklichen Tiere viele Monate zwischen Leben und Tod hin.

Einige hundert Menschen gehen täglich an der Dieme vorbei. Kaum einer von ihnen wirft einen Blick danach hin und keiner weiß, wie vielerlei Leben sich in ihr und um sie abspielt, stilles, friedliches Leben, bittere Not und schreckliches Elend.

Die Ebereschen.

Über Nacht hat es schwer geschneit und in der Frühe fror es hart; nun aber scheint die Sonne was sie nur kann.

Ihrer freuen sich die Gäste von Davos, die gesunden sowohl, die in ihren Sportkleidern auf und ab wandeln, als auch die, die hier Genesung von dem bösen Leiden suchen und sich in ihren Liegestühlen braten lassen, und nicht minder die Spatzen. Sie sitzen haufenweise in den Ebereschenbäumen und schwatzen und zwitschern, als wollten sie die Musik der Kurkapelle überschreien.

Unten im Lande haben die Ebereschen ihre Früchte schon fallen lassen; hier behalten sie sie noch lange. Das ist auch sehr notwendig. Was wäre die Hauptstraße von Davos, hätte sie die Ebereschenbäume nicht. Wohl sehen die vielen verschiedenartigen Nadelhölzer in den Gärten herrlich aus, auch wirken die Espen mit ihrem hellen Gezweige und den dicken blanken Blütenknospen daran prächtig; aber die Ebereschen schlagen doch alles, was da Äste und Zweige hat, mit ihren knallroten Beeren tot.

Wie Flammen glühen die roten Dolden in der Vormittagssonne; sie funkeln und sprühen und blitzen wie geschliffene Korallen, und selbst die Stiele, an denen sie hängen, haben einen metallenen Schimmer. Nirgendswo sehen die Ebereschentrauben so schön aus wie hier, und nirgendswo halten sie sich so lange, ohne einzuschrumpfen, mißfarbig zu werden und abzufallen.

Das muß auch so sein. Was sollten die Spatzen von Davos machen, fielen hier, wie anderswo, die roten Beeren schon im Vorwinter zu Boden? Der Schnee würde sie hinnehmen und erst nach vier Monaten wieder hergeben. Dann wären die Sperlinge ganz auf die Gnade der Schlittenrösser angewiesen und der Speisezettel würde recht mager und langweilig ausfallen.

Anfangs, als die ersten Spatzen, die irgend ein Kurgast in Davos aussetzte, in ihren ersten Winter kamen, mögen sie schön dumme Augen gemacht haben, als es nirgendswo ein Feld gab oder einen Getreideschober, wo sie ihre Nahrung finden konnten. Über Nacht war ein Schnee gefallen, hatte alle Kehrichtplätze zugedeckt und desgleichen das, was die Rösser unterwegs verloren hatten. Hungrig und verfroren flogen die Sperlinge hin und her, fanden aber nichts für ihre Schnäbel, denn überall lag Schnee.

Da beschien die Sonne die Ebereschenbeeren, daß sie funkelten und strahlten. Aber Ebereschenbeeren sind kein Spatzenfutter; das ist ein Fraß für Kramtsvögel, Dompfaffen und Bergfinken. Doch wenn der Teufel in der Not Fliegen frißt, warum soll der Spatz, geht es nicht anders, nicht an Ebereschen gehen? Zwar schmecken sie bitter und sauer zugleich und ziehen den Schlund in arger Weise zusammen. Aber ehe die Rösser für die genügende Menge von Futter gesorgt haben, ist man vielleicht schon verhungert. Da hilft eben nichts, als in die sauern Beeren hineinzubeißen. Schmeckt es auch nicht, so macht es doch satt.

Bald hatten sich die Spatzen daran gewöhnt, denn alle paar Nächte gab es einen schweren Schneefall; dann fand sich bis gegen Mittag nichts anderes und so blieb eben nichts übrig, als sich mit dieser Tatsache solange abzufinden. Da nun die Ebereschenbäume in Davos fast alle hart an der Straße stehen, so wurden die Sperlinge hier mit der Zeit viel vertrauter als anderswo, und mag es noch so laut und so lebhaft unter ihnen hergehen, das scheert sie wenig; sie bleiben sitzen und zerklauben die roten Beeren, ohne sich stören zu lassen.

Auch die übrigen Vögel haben sich an den lebhaften Verkehr gewöhnt, nicht nur die stolzen Amseln, denn die sind schon mehr als dreist, nicht nur die schönen Dompfaffen, denn die sind überall zutraulich, auch nicht die hübschen Grünlinge und die lustigen Buchfinken, denn die haben ein harmloses Gemüt, und die bunten Bergfinken aus Nordland kennen den Menschen so wenig, daß sie ihn nicht scheuen, und so bleiben sie und die Grünlinge und die Dompfaffen ruhig bei der Mahlzeit sitzen, wenn ein paar Menschen einen Schritt vor ihnen stehen bleiben, mit den Händen nach ihnen deuten und laut sprechen. Auch daß der dicke Flüëvogel nicht fortfliegt, wenn es vor seinem Baume recht munter zugeht, ist weiter nicht merkwürdig, ebensowenig, daß die schwarzkappige Alpenmeise sich so gut wie gar nicht um die Menschen kümmert, und nicht minder, daß die Rabenkrähen, sind sie bei dem Beerenfressen, wenig Scheu zeigen; aber daß sogar der prächtige Grauspecht, der den einsamen Wald liebt, dicht an der Straße seinen Kropf mit den roten Beeren füllt, das bekommt man einzig und allein in Davos zu sehen.

Das ist aber alles noch gar nichts. Wenn es um die Mittagszeit auf der Straße nur so lebt von Menschen, wenn die Schlitten hin und her klingen und die Kurkapelle spielt, dann kommen rauhe, harte Schreie von den Bergen, ganze Flüge von ziemlich großen Vögeln flattern heran, fallen in den Ebereschenbäumen ein, reißen die Früchte ab und fressen sie, und das sind Kramtsvögel, die scheuesten von allen Drosseln, und die benehmen sich in Davos, als gäbe es keine Roßhaarschlingen, Schlaggarne und Schießgewehre auf der Welt. Ganz dicht kann man an sie herantreten, ihre rotgelben, schwarzgetüpfelten Brüste, ihre aschgrauen Nacken und ihre blanken Augen besehen, ohne daß es ihnen einfällt, abzustieben. Und doch lassen sie anderswo den Menschen noch nicht auf hundert Schritte herankommen.

Eine Landschaft, die kein lustiges Vogelleben aufweist, wirkt tot und kalt, mag sie sonst auch noch so prächtig sein. So würde es Davos gehen, hätte es die vielen Ebereschenbäume an der Straße nicht, deren rote Korallen ihren schönsten Schmuck bilden vom Herbste an bis zum Frühling, wo sie zusammenschrumpfen und zu Boden fallen, sobald die Espen ihre seidenen Kätzchen entfalten und an den sonnigen Hängen die Schneeheide ihre Blümchen rosenrot färbt.

Sie haben ihren Zweck erfüllt und sind überflüssig, bis der Winter wieder herannaht.
